U0020632

蘿拉老師的
泰菜研究室

從歷史演進看泰菜演繹，從食材到餐桌四大菜系 80 道料理全解構！

泰泰風‧蘿拉老師　著

目錄

蘿拉說泰菜

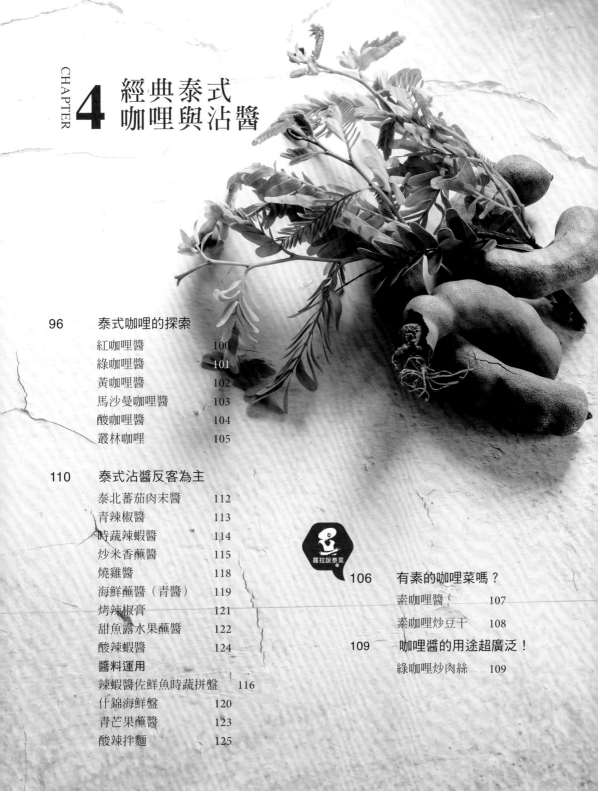

蘿拉說泰菜

CHAPTER

5 泰菜美味上桌

［美好的家鄉味，流浪的味道］

蘿拉老師邀我爲她新的著作寫序，我感到非常欣慰。我15歲加入孤軍部隊，在金三角打了6年的游擊戰，做了7年的諜報工作，回台後從事餐飲業近40年，這40年的歲月，深耕美食，也竭盡全力的想把孤軍的歷史和少數民族文化保留在台灣這片土地上。

蘿拉老師的著作雖著重在飲食文化的溯源，但也釐清了滇、緬、泰料理在台灣合體的故事，這個融合的味道是我們孤軍歷經烽火所熬出的美好滋味，感謝蘿拉老師爲此內含著歷史的家鄉味著述，爲我們的美食和故事留下美好的痕跡。

對於桃園龍岡忠貞新村的飲食文化，我有些淺見也藉此分享。民國43年第一批孤軍自金三角撤臺後安置在龍岡忠貞新村，因爲孤軍成員幾乎全是雲南人，眷屬則多數爲金三角少數民族，因此忠貞新村成了一個道地的雲南村。爲了在新故鄉討生活，這些少數民族的婆婆媽媽們捲衣袖、背著娃娃，在自家門口賣起了自己的拿手菜，由於少數民族料理食材廣泛、香料特殊，且又不斷加入泰緬孤軍後裔，又帶來了不一樣的飲食文化風貌。

忠貞新村的孩子幾乎都在小吃店裏長大，自幼在媽媽的吆喝聲下打理店務而傳承了美味的實力，更讓孩子們互相培養出無法自拔的情感。如今許多長輩雖已凋零，但新一代的雲南人仍堅守著料理精神，且用新思維將產品加以優化、創新，呈現出更多元的新雲南味。

龍岡地區有40多間的老店美食店家，每家都有獨特的味道和動人的故事。雖然店家的性質雷同，但龍岡沒有同行相忌，只有互相幫忙、團結一致的努力，因爲戰爭造就了老一輩生死與共的革命情感所致。

有人常問我如何定位滇、緬、泰合體的飲食文化？我稱它爲「流浪的味道」，這是屬於我們這群人千里飄流的飲食文化，這個味道裡除了有蘿拉老師提到的各種香料，還有異域孤軍動人的故事和金三角少數民族絢麗的文化，再次感謝蘿拉老師爲我們的故事和飲食文化在食譜書的領域裡留下美好的著述！

※ 王董事長居住於桃園忠貞新村，現爲「桃園雲南商業協會理事長」。

根深企業有限公司董事長
桃園市魅力金三角地方特色產業發展協會理事長

〔踏實開拓泰菜的體驗行銷〕

蘿拉是我認識多年的朋友。

在人人追求知識成長及行銷管理的領域裡，我看到她有突出的表現。多種商業模式的營運範疇裡，她並沒有特別的標新立異，而是為她所從事的傳統食品業踏實的依著計畫履行行銷策略。

她用開辦烹飪教室的方式執行食品業最重要的體驗行銷，設置香草農場栽種台灣罕見的東南亞香草，現在還可以寫食譜書。

寫食譜不是一件難事，但身為一個異邦的台灣人可以把每一道泰國料理的淵源文化都寫進來，足見其深耕的功力。尤其是從歷史的層面深入淺出地探討，筆觸輕鬆詼諧的描述，簡單易懂的了解到原來泰國菜竟是泰皮華骨的中國菜。

我喜歡這本書，也覺得值得推薦給大家。

中國生產力中心總經理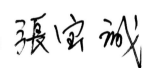

坊間泰國菜食譜書籍很多，但多以介紹菜餚的製作方式為主，鮮少能深入探討菜餚的由來、材料的特性及區域的食文化。蘿拉老師專研泰國菜多年，除了精研泰國菜的創新料理，這幾年費心收集及整理泰國菜各地域料理的文化底 ，將各地域料理的形成原因、材料特性及飲食習慣等飲食文化，搭配菜餚的製作方法，完整地呈現出來。

蘿拉老師新出版的《蘿拉老師的泰菜研究室》，將泰國菜依北部、東北、中部及南部等四大菜系，清楚說明東北菜系與滇、緬的關連，中部菜與潮州菜的淵源，南部菜與穆斯林的關係及源自東北的生食文化如何演變成赴泰國必嚐的北部菜。另外也針對香料及醬料的酸甜鹹苦辣等口感風味特性加以說明。

這本書有別於一般泰國料理食譜書以技術層次為主之框架形式，讓一般民眾或學子在學習烹調技術之外，也能對泰國菜各地域菜系的由來、食材特性與地域族群融合等飲食文化有基本的認識，這也是我認為廚藝養成教育非常重要的課題。

教育部教學實踐研究計畫民生學門召集人
國立屏東科技大學餐旅管理系教授

終於又等到蘿拉老師出新書了，市面上的泰式食譜書籍頗多，但少有提及論述，這類書籍偏於匠氣，徒具其型，少了探討感，無法觸及根本，而蘿拉老師的這本泰菜研究室，恰恰補上了缺口。

為何要談論述？因為菜餚的本質是餐桌上的生活共識，每一款菜色都有形成的原因，透過論述整理，才能知道滋韻來由，而蘿拉老師這本書籍，透過地域飲食文化和用料歸納，替想了解泰式菜餚的朋友點亮一盞燈。

近幾年的餐飲趨勢，泰式思維成了顯學，許多餐飲人投入研究，在傳統泰菜的市場，以往只要會煮檸檬魚或月亮蝦餅等台式泰菜，若是味道不差價錢合理，生意通常不錯，但近幾年來，泰式餐廳蓬勃發展，僅會這些老招已然不夠，畢竟食不厭精，餐廳開始細分派系，以地域為名，標榜泰北菜餚，又或是南泰的咖哩等。

每個地域的飲食文化，皆有著不同的風味特色，蘿拉老師這本書將泰菜的四大菜系說清楚講明白，暢談泰北菜系和滇緬的關係，說說泰中菜系和潮州菜的淵源，述說泰南菜系和穆斯林的緣由，探討東北泰菜對生食的觀點，除此之外，還加入台灣泰菜的源起和融合發展。如此如是，可以讓讀者看食譜時，能夠自行推敲，創作時的滋味差異才不會天馬行空。

除了傳統泰菜外，蘿拉老師這本書籍中，特別深述了泰式用料的兩大類別，分別是香氣和滋味，香氣又分為濕式香料和乾式香料，滋味則是酸甜鹹苦辣，分類看來簡單，但泰菜的有趣之處，就在於香氣和滋味的複雜搭配，那是層次美味的基礎，搞懂了這些用料的特性，對滋味這件事情，自然信手捻來，若再搭配地域飲食文化的論述，泰菜的整體風貌，就能略窺途徑。因為所以，謝謝蘿拉老師，這本《泰菜研究室》，可說是泰菜的入門研究基礎。

食材文化研究家　孫仲

〔我的泰菜大探索〕

2018 年 4 月份時，城邦出版愛生活編輯部淑貞社長及主編淳盈一行人來訪我位於高雄美濃雲南村的「泰滇緬香草園」，我做了幾道泰式料理讓她們當午餐，所有的香草食材都是來自園子，從土裡挖出來洗切、現煮。

那一餐，賓主盡歡。

接著，社長說：「妳寫的食譜書應該把東南亞的香草食材介紹清楚一點，最好是每一道菜的文化蘊涵也寫清楚一點。」就這樣，我開始了一段間斷了幾十年已經沒有過那麼認真的閱讀歷程。閱讀增廣了我對於泰式料理原本只知其然不知其所以然的視角，這催化之下的成長是因應淑貞社長對我的期望，使我有了對泰國菜的源起以及現況，有了更進階的理解與探討。

平常我在教室裡的料理課方式，是透過數位影像引導學員們如臨泰國街頭，學員們聽我講料理的故事及料理的源頭，那樣的情境搭配當場做出來的泰式料理就更有味道了。

料理的文化本就是一個故事，而故事呢，用講的很容易，講到跳針也沒有關係啊，大家笑成一團罷了，可現在要用文字呈現料理的典故，那得要考證啊！但台灣並沒有對泰國的飲食文化有較深厚的論述可以參考，大部分談到泰國的描述，就都只是那種「好吃！好玩！又好買！」的浮面著述，而對於「好吃」的描述又大抵是「又酸又甜又辣，好下飯啊」，如此而已。

所以最後我只好嘗試閱讀泰文探索根源了。我不是泰國人，雖然曾經長時間居住過泰國幾年，但我不識幾個泰國字，所以只能透過翻譯閱讀，然而，以我在泰菜廚藝的專業能力卻也只能理解文中部分的意涵，也就是說，我閱讀多篇相關文章之後，才吸收轉化成我要敘述的兩行文字，這樣下來，還真的是吃了點苦頭啊！這期間我的先生何俊明也幫助我從歷史的觀點，看中泰關係的演進及其所發展延伸出來的泰皮華骨的泰式料理。

　　從閱讀中更驗證了料理的價值在於「被接受才能被喜歡」。因此，從「原味道地→在地化→被喜歡」這種過程就很重要了，若只一味的講求「地道原味」，卻水土不服而退場，那美食又如何是美食？

　　再說，原汁原味的料理如果因為飲食習慣或文化上的差異而不受歡迎，那極容易失去推廣的條件，若是要推廣，那可能就必須要改變其外觀上的樣貌，或者是以相似的食材替換，如此才能夠異地傳承而流長。例如泰國東北部的青木瓜沙拉，它加的是淡水魚發酵的魚醬（泰文：ปลา-ร้า），而政經要地的中部曼谷加的是海水魚的魚露（泰文：น้ำ-ปลา）。又例如大家所熟悉的打拋炒肉，由於早期台灣沒有打拋葉而以九層塔替代，如今雖然隨著新移民增多而有了打拋葉的零星種植，但大多數台灣人卻已經習慣九層塔的味道，而反批打拋葉的味道不能接受。

　　泰國的面積大於台灣將近 15 倍，你得相信並接受幅員廣闊的泰國絕對沒有一致的料理配方和固定比例，若是有的話，那也只是在小區域的範圍裡，因應商業需求的方便性所設定的 SOP 標準化罷了。

　　本書所呈現的圖文與敘述，是我近 20 年來的教學經驗加上最近的閱覽所得，是站在台灣的立場用台灣的觀點看泰國菜，書中所述若有訛誤流於自以為是的瞎子摸象，盼祈專家前輩們指正交流，感謝之至！

泰菜研究家　蘿拉 Laura

泰菜是多種族的飲食大拼盤

　　每個國家都有其各具特色的飲食文化，人類學家們認為，人類的生存演進過程當中，經驗累積成生活中常態的飲食行為，便是飲食的文化了。關於「飲食」這件事，通常是隨著人口的遷徙，或某個程度的政治因素，以及地理環境的影響，這三個構面形成一種飲食上的習慣，這種習慣便是各具差異的各國飲食文化。

　　「酸、甜、鹹、苦、辣」五味通常用來總括泰國菜的風味，但絕不足以盡釋全部的泰式美味，唯有進一步探究其地理與人文，才能領略其多元飲食文化的形成。

泰國的飲食內涵非常的多元，除了有山有水的環境構成多樣區域物產之外，還深受來自周圍異族文化之相互交融。例如，泰國西北方邊境的「傣族叢林」文化、東北方邊境寮國各族的「肉類生食」文化，及來自中國南方漢族的「鍋炒類」文化，還有泰國南部受到「穆斯林」影響的「乾式香料」咖哩類，這些融合產生源遠的影響，因此概略地說，泰國的飲食是多種族的飲食大拼盤。

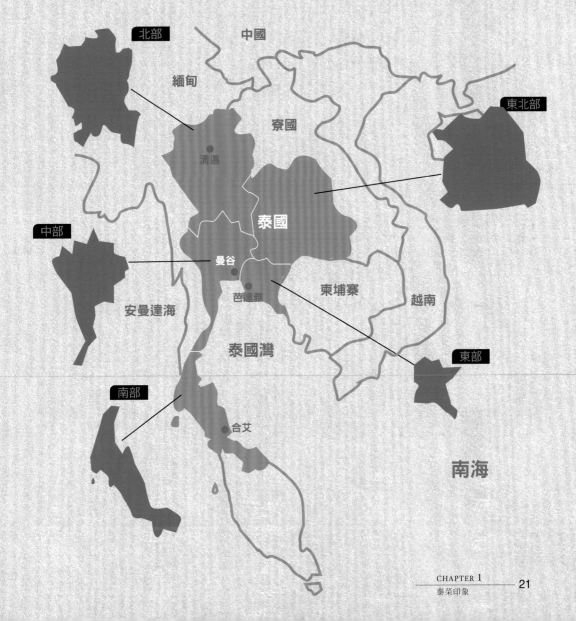

泰國官方把泰國料理分爲四大菜系，分別爲泰北菜、泰東北菜、泰中菜、與泰南菜，官網的文宣中更指稱，有幾個菜式是受到緬甸的影響。

居住在緬泰邊境的族群正是來自中國南方雲南省的少數民族。雲南的許多少數民族因政治遷徙分居在清邁以及寮國的邊境，邊境必然會有文化的相互滲透，泰國官方所指稱受到緬甸的影響、受到鄰近文化的影響，這「鄰近」指的應是源遠的「中國」。

「中國」，可泛指200多年前（其實更早），來自中國分從海路及陸路兩個不同路徑進入泰國的「華人」而言。以陸路來講，遠一點的可以追溯到秦始皇時代，秦朝的歷史學家司馬遷撰寫的史記，即可見中原與雲南邊疆的少數民族互動往來及分佈疆域的記錄，史學家依此推論，2500年前，中國的漢族與邊境的少數民族即有互往交流，此爲中原文化邊界滲透之始。

還有，傳說三國時代諸葛亮爲使雲貴高原的少數民族能漢化或接受中原的文化，曾經對當地的部落藩首有七擒七縱的故事，由此可見，在2000年前，漢族文化即滲入雲貴以南甚至到後來的滇緬。

特別要提到的是來自中國大陸雲南高原的族群，最具體的可溯及到300多年前，明朝末年永曆皇帝兵逃緬甸時，遺居住在緬甸撣邦的軍民及隨從們，他們是混著少數民族血脈的漢人；更近的是60年前國共內戰退到緬甸後，散居在泰、滇、緬邊境的中國人，這一脈絡下來源遠的影響形成了帶有中國味的泰國菜。

泰國北、中、南的山林物產及海獲物料非常充沛，食之不盡自然發展出以鹽漬發酵的方式來保存物產，發酵品突顯出泰國菜的特殊風味，例如：蝦膏、魚露、還有魚醬以及醃漬類的山筍、蔬菜等時蔬。

可以概略地說，泰國的飲食文化脫不開「天然物產＋發酵品調味，無過度加工的餐飲」，這就是我們一般感受到的泰國味了。

● 北部自然樸實

　　北部，地大物博當然是形成飲食習慣的元素。泰國的北部是山區高原，雖有豐富的叢林山產，卻缺乏現代化的廚具及廚藝，因此所吃的食物就以自然界的天然食材簡單加工即原味上桌了。

● 中部海陸拼盤

　　中部，泰國有湄南河貫穿中部平原，平原受湄南河的滋養而肥沃，這樣擁大地及河域的天然資源之下，自然吸納了來自全國的流動人口及外邦移入的人口，同時也就吸納了來自各地的飲食風格，儼然是海陸大拼盤的呈現。

● 南部鮮味發酵

　　南部，兩面分別是安達曼海及泰國灣（暹羅灣）。南部有著狹長的海域，自然擁有豐富的漁獲。魚獲取之不盡、用之不竭的條件下，南部的海鮮類及海鮮所發酵而成的魚醬入菜類就很能代表南部菜的風味。

泰式餐桌三大特色

泰國境內擁有多元的天然食材，加上漁獲發酵而成的調味醬，歸納泰國飲食特色有三，堪稱爲泰國菜給一般大衆的飲食印象。

1

使用濕式香料的香草植物入菜

草本氣息的鮮香是泰式料理的特色，濕式香料當然包含大家所熟悉的辣椒、檸檬等辛香料，同屬亞熱帶氣候的東南亞國家，如馬來西亞、越南、印尼，因盛產的香草植物具特殊香氣，都被大量使用在料理上。

2

使用乾式香料＋濕式香料
所融成獨具層次味覺的風味
（以乾式香料結合濕式香料做菜）

　　泰國北部受到源自雲南穆斯林商
貿古道的影響，以及南部馬來西亞穆斯
林的影響，也使用了乾式香料入菜，又
以乾式香料融合濕式香料，例如，幾乎
所有的咖哩醬都少不了丁香、豆蔻……
等香料。

3

使用發酵品調味
（北部的豆豉餅和漬魚醬、中部的蝦膏和
魚露、南部的魚內臟醬）

　　屬於發酵品的鮮香味造就了東南
亞料理的特殊風味。中國移民散居於包
括泰國在內的東南亞國家所發展出的豆
類及漁獲類的發酵品，例如全國都使用
的蝦膏、魚露及魚醬，泰北常用的黃豆
發酵餅也是。

「泰國一世界廚房」
將泰菜推向國際

我年輕時有長住泰國生活幾年的經驗，當時的泰國菜可不是現在盤飾擺得美美的樣子，在視覺上就只是把幾種食材組合放在一個盤子上，就算是一道可上桌的菜了（鍋炒類除外），也就是說，以前的泰國菜並不是現在你所看到有著精緻排盤的樣式。

現代化的泰國菜是在「Thailand　Kitchen Of The World 泰國一世界廚房」計畫之下，許多獲邀進入泰國學習泰國菜的外國星級主廚們，在泰國相互交流，運用巧思，各顯本領的創作之下，才有了現在的現代感視覺呈現。

泰國一世界廚房」是泰國前總理塔信執政時期所制定的一個以「料理美食」爲主題、將其行銷於世界的國家級政策。當年爲執行此一政策，泰國幾乎可用「總動員」來形容，全泰國跨部會整合，將人力、物力、依此政策所擬訂的各個細項計畫，有系統的將「美食及周邊產品」行銷到全球。

單就「料理」一項來講，就很貼近民生而達到宣傳的效果，例如：廣開廚藝教室培訓廚師、金援補助海外開店、頻頻開辦美食展邀請國外廚師赴泰參訪學習、大量招待國外的美食作家撰寫網誌……等等。

泰國料理無疑已成亞洲菜系重要且亮眼的一環，研究泰菜餐桌不只是從食譜下手，透過這本書，我想從飲食文化以及食材認識，更進一步探討泰國菜，有助於想要把泰料理變成創業菜系或是家庭餐桌的讀者，都能更精準掌握泰菜氣與味的關鍵。

CHAPTER

2

泰菜四大菜系 & 泰菜在台灣

北部菜
雲泰緬味
你儂我儂係出同源

　　泰國在地形上東北邊接寮國，南接馬來西亞，西北緊臨緬甸，北邊有著具故事性的、聚居著多種族的「泰皮華骨」的「泰國人」。

　　泰國分成「北部、東北部、中部、南部」四大行政區域，各區的料理都有它鮮明的差異，且都各具地方特色。

　　說到北部的料理，很難不講到整個北部邊境地區的少數民族。從史學看泰國，邊境打打殺殺的疆域歸屬多次變動，國界的定義在幾百年來幾度翻新，在蘭納王國時期，中國的景洪城（西雙版納州）、寮國瑯勃拉邦城、清邁城，緬甸的景棟城，都曾經屬於蘭納王朝，由於政治的變動，如今雖分屬於四個國家，但源遠流長的飲食文化其實都相去不遠。

　　300多年前，明末永曆皇帝兵逃緬甸時，遺留居住在緬甸撣邦的隨從及軍民們，如今在身份的認定上雖屬緬甸人，實則卻是中國華人。

　　泰國北部的清萊、清邁、夜豐頌這三個府，沿著緬甸到寮國的邊境，大約有400多公里長，沿線的這三個府，聚落著100多個「雲南村」，粗略估計將近有20萬個華人，其中大部分來自雲南的少數民族，這批民族及其後裔又可溯源到以前中國退兵的移動及通婚，其中通婚就是一個少數民族的融合進程。

典型的泰北菜—雙醬拼盤。由青辣椒醬和番茄肉末醬
搭配炸豬皮、蔬菜等一起食用。

青辣椒醬在泰北很普遍，菜市場也會販售烤過的材料
半成品，只要買回家搗一搗就可以完成青辣椒醬。

　　因政治變動而遷徙是人類的歷史之一，飲食又是人類在遷徙當中，一種以食物反射情懷的文化，造成傣族、泰族、佬族及緬族的飲食風格在泰北地區形成你儂我儂極難分野。

　　最早以前開在台灣的泰國菜餐廳，十之八九招牌掛的是「雲泰緬餐廳」或「泰滇緬料理餐廳」，原因是，台灣的泰菜餐廳始祖都是來自泰國北部的軍裔，這些軍裔們在台灣端出的是他們家鄉的菜。

　　此時，你是否突然聯想到具代表性的知名泰菜「瓦城餐廳」，「瓦城」其實是緬甸一個叫做「阿瓦」的古都所在地，在緬甸的雲南人稱之為「瓦城」，「瓦城餐廳」創辦人之一來自複雜的政治背景之下的雲南緬甸，他把餐廳名之「瓦城」，想必是深具思鄉情懷之下想出來的。

　　講到這裡，大家是不是又聯想到夏天必點的「涼拌大薄片」及「椒麻雞」了呢？

　　「大薄片」正是雲南傣族宰殺豬羊之後，以火燒煙燻而食的成品（大薄片就是用片刀片得很薄很薄的豬頭肉）；而椒麻雞那迷人的麻味兒，正是來自泰北邊境所盛產著的一種麻椒（花椒），泰語名叫做「馬昆」。

　　去到清邁，很容易就會看到或吃到一種由黃色咖哩煮成的湯麵，就是那碗台灣人暱稱為「清邁麵」的湯麵（泰文：ข้าวซอย／音譯：Khao-Soi）。還有一道菜，台灣人稱它為「緬甸咖哩滷肉」或「泰北咖哩豬肉」（泰文：แกงฮังเล／音譯：Kaeng-HangLe），據泰國觀光局在台灣辦事處的官方網站說明，這兩個菜都是來自緬甸，我沒有去過緬甸，然而這兩個菜我都是在泰國清邁吃到，也是在清邁學會它的。

鄰居雲南大媽種的綠麻椒。

「椒麻雞」不是泰國菜，而是雲南菜？

相信大家上泰國菜餐廳，「椒麻雞」一定是必點美味，但是你知道嗎？「椒麻雞」不能因為它有大量的檸檬汁及魚露調味就說它是泰國菜，「椒麻雞」的麻味所代表的其實是雲南，它是來自泰滇緬邊境的椒麻料理的變型菜，而它所代表的意義正是文化的滲透與飲食傳遞最直接的見證。

花椒原產自中國，從 2000 多年前的「椒房殿」到現在的「川椒」，一路以來，從「野椒」馴化栽種成搶手的「大紅袍」。台灣因麻辣鍋的風行，使得花椒在台灣被倚重使用，而原產自中國的花椒因創造了高經濟價值，使得曾經有許多省份發聲意欲爭取成為「花椒原產地」的正名運動。

人類的遷徙絕對是文化傳遞最直接的媒介。1949 年 200 萬人口從大陸大遷徙來到台灣，隨之發展的「川菜」亦讓花椒進入台灣的餐食市場，讓花椒除了入藥以外，花椒油或花椒粉在台灣也奠定了重要的入菜地位。

花椒品種繁多，泰北沿線居民一概稱為「麻椒」。以顏色來分，除了紅色以外還有綠色的麻椒，緬甸和泰緬邊境山區就有許多高達三層樓高的野生麻椒樹，掛在樹上未完全成熟的綠麻椒會被整串割下來，在傳統市集裡整串販售，整串新鮮的、尚未爆開的綠麻椒很適合炒肉類，那滋味跟新鮮的綠胡椒一樣，一顆顆小滾珠似的在齒舌擠壓下，輕「啵」的一聲之後蹦出清新的輕麻辣味兒真是香氣撲鼻、滋味令人難忘！

鮮摘的綠麻椒。　　　　　　　　　　接近熟成的麻椒會自己爆開。

　　我的香草園旁有一棵雲南大媽種的綠麻椒，我常在 9 月產季時採摘一大串炒紅燒炸魚，深感滿足。雲南村大媽從雲南遷徙到緬甸，在泰緬邊境 30 年的生活經驗裡，她說道：「那邊的麻椒我們叫做「馬坤」(มะแขว่น ／譯音：Makhawan)，又說：「麻椒很多啊，都長在山上，但根本沒有像台灣的椒麻雞那樣煮。」她又說：「緬甸野生麻椒那麼多，煮什麼都可以放麻椒，煮湯也放，紅燒也放，滷肉也放……」。有鑑於此，我相信這道台灣風行的椒麻雞，大概也是台灣人成功的創意菜典範，但麻椒來自泰滇緬邊境，它所代表的意義正是文化的滲透與飲食傳遞最直接。

　　關於雲南菜是如何隨著滇緬孤軍來到台灣，又上了泰菜餐廳的餐桌這件事，可見 P.53 －泰・滇・緬三味合體在台灣，泰菜的粉絲們也是一直到近幾年才大夢初醒的願意相信，原來「椒麻雞」不是泰國菜，而是雲南菜。

　　末了要歌頌一下台灣的餐廳真強大啊，創造美味，然後開始傳承，再過幾十年或上百年後，當我們的後生晚輩研究美食料理時，大概也只能說：「始於何時已不可考」。

東北部菜
生食與涼拌菜具特色

　　東北部有兩道菜深深影響了泰國，使泰國菜成爲好吃的泰國菜並享譽國際，這兩道菜是涼拌青木瓜沙拉，和 Larb 系列的涼拌菜。

　　在介紹這兩道菜之前，得先認識一下泰國的東北部。泰國東北邊的寮國被稱爲「依傘」（Isan），是內陸國家，境內的高山丘陵面積占全國面積的70%，全國以佬族最多，共68個種族分居在高山或丘陵或平地。寮國層層疊疊的重山峻嶺，在經濟上的發展本就較困難，土地貧瘠，生活大不易，在飲食上形成了吃食自然界的昆蟲及生食牲口血肉的求生本能，例如：高山叢林樹上的蜂蛹、竹節間的竹蟲，是較爲外界所普遍認識及可接受的蟲餐，其他的蟲餐種類繁多到連螞蟻蛋也在食用之列。

　　昆蟲的蛋白質是營養來源之一，這些富含蛋白質的蟲餐文化隨著移工人口進入高經濟區的曼谷街頭，尤其是在洋人最多的考山路，更成爲拍照熱點，因而成爲許多外國人對泰國難忘的印象，誤認爲蟲餐是泰國的日常食物，但其實並不是，它只是隨移工進入泰國，而被以爲代表泰國而已。聽說蟲餐炸過的香氣很香（我沒吃過），如今這些蟲餐成爲全泰國的特色零

享譽國際的涼拌青木瓜沙拉。

Larb 是泰國東北部的經典料理。

食之一，還發展成為人工養殖，量化生產的產品，包裝成美美的零食類在 7-11 上架販賣呢！

　　生食，是寮國至今仍存在的一種飲食文化，生食的方法是宰殺豬牛羊之後，取其肉剁碎，拌以多種香草及辛香辣的調味一起剁，待剁到粗細適口再淋上溫熱的血拌勻，配以糯米飯，就是飽食一餐的美味了。但是，生肉會威脅到健康，於是把剁好的肉以乾鍋小火煨熟之後，一樣拌以大量的辛香料，美味極了，這就是全泰國北中南都吃得到的東北菜—Larb。

　　Larb 是寮國方言，泛指多種食材混合之意，Larb 可以是 Larb-Mou（豬肉），也可以是 Larb-Kai（雞肉），還有，內臟腸肚也都是 Larb 的食材。Larb 的菜系在台灣有兩大歸類，第一種被歸類在

台灣的雲南菜餐廳，名稱叫做「錦灑」，是音譯自傣族的語言，意為「剁肉」；第二種被歸類在純正的泰菜餐廳，名稱是「涼拌辣肉」。兩者運用的香草略異，但做工相同，起源也都是泰北邊境。

　　家喻戶曉的「涼拌青木瓜」，不僅是位居泰國國菜的地位，也是名聞遐邇，躍上國際幾乎與泰國畫上等號的名菜了。涼拌青木瓜源自寮國（伊傘），伊傘語是「Som Tum」，寮國現有 68 個族群，各有自己的地方語言，據泰國致力於考證古老食譜的專家指出，Som Tum 的「Som」是寮國方言，泛指「橙」，意味著「酸」，「Tum」是類指「動作、壓碎」而言。

涼拌青木瓜是泰國菜嗎？

涼拌青木瓜無疑的被認同與泰國齊名，成為眾所週知的泰國菜，但研究泰國食譜的專家們並不完全認同它是傳統的泰國菜。2011 年美國有線新聞網（CNN）全球票選50 大美食，涼拌青木瓜榮膺第 46 名，屬國名為泰國，大家認定它就是泰國菜。

但其實涼拌青木瓜不是泰國的傳統菜！

涼拌青木瓜在泰國境內的統一名稱叫做「ส้มตำ」（Som Tum 音譯：送丹），涼拌青木瓜＝ Som Tum，但Som Tum 卻 ≠ 涼拌青木瓜。為什呢？你要先學會「木瓜」的泰語「มะละกอ」（譯音：馬拉勾），但這道菜卻不叫什麼什麼馬拉勾之類的菜名，又據泰國致力於考證古老食譜的專家指出，Som Tum 的「Som」是寮國的方言，泛指「橙」，意味著「酸果」，「Tum」則是類指「動作、壓碎」而言，因此可推論青木瓜沙拉應是源自東北的寮國。但另一派專家看法則剛好反之，他們認為青木瓜沙拉是由曼谷中部傳至東北。因此，發展出二種說法：

第一種說法：泰國的歷史學家 Sujit Wongthes 曾撰文認為青木瓜沙拉這道菜本來就是泰國中部平原區（現在的大曼谷區）的地方菜，在 19 世紀末 20 世紀初，由於中部平原開往東北地區的東北鐵路通車，因此這道菜被帶至泰國的東北（Isan 地區）而普遍化於東北區，接著 1957年又建設了 Mittraphap Road 公路，讓交通更便利，因此這道菜又傳過國境到達現在的寮國區（Laos 泰國人稱東北區與寮國區為 Isan 區，因為在人種、語言、文化都屬同一淵源，只因國境線而區分成泰國與寮國）。而涼拌青木瓜由曼谷傳到 Isan 地區的說法是因為辣椒口味的青木瓜沙拉直到 1900 年代以後才出現在 Isan 地區。Sujit Wongthes 認為辣椒早在百年前是先種在曼谷區（辣椒、木瓜等外來種是由葡萄人西班牙人所帶來，而曼谷區是歐洲人進入寮國區、柬埔寨區、越南區、菲律賓的第一站），所以他撰文主張青木瓜沙拉這道菜是由中部傳到 Isan 地區。

小黃瓜 Som Tum。

長豆 Som Tum。

　　第二種說法：根據歐洲探險家的文獻，中南美洲的食物傳播到全世界的起初點，是歐洲人找到經由海路繞道非洲到達印度與東南亞的航線後，才帶來新物種的植物栽種在東南亞，所以辣椒先種於曼谷平原區的這件事並不能代表其他地區的辣椒都是由曼谷往外傳，反而是航線發現後不久的 1550 年代歐洲探險家的文獻就證明了辣椒及木瓜等新種的植物早就種滿了東南亞各地區，1650 年代到 1850 年代的歐洲探險家文獻更證明了全東南亞區對辣椒、木瓜的喜愛，已充份表現於餐桌上的菜色了。

　　但由於泰國中部平原盛產稻米，所以木瓜在泰國一直是水果而非入菜食材，而寮國、柬埔寨與越南山多平地少，稻米較少，木瓜很早就被當作主食和入菜食材食用，所以就延伸出諸多與木瓜有關的料理，例如：SOM TUM 青木瓜。根據泰國的飲食文化、人類學家 Penny Ven Esterik 的研究，在 1950 和 1960 年代，曼谷中部地區的人根本沒聽過青木瓜沙拉這道菜。只有在有少數東北人與寮國人的社區中（移工來曼谷作粗工）可以發現，而最常見到此類食物的地方是在建築工地旁的攤車（雷同於現代版的工地福利社）與泰拳訓練比賽場外的攤車。

　　一直到 1980 年代到 1990 年代泰國經濟起飛的爆炸性成長時期，因對勞動力的強力需求，統計有 110 萬的東北區人民移居到曼谷區，這些人當然帶來了 Isan 風味菜，也就是多樣化的 Som Tum 料理。

　　上面提到 Som Tum 的「Som」是寮國的方言，泛指「橙」，意味著「酸」，「Tum」則是泛指「動作、壓碎」。也就是說，在東北地區的 Som Tum 作法就泛指加了酸味來源的橙汁及不限食材，包括溪魚河蟹都可以「Tum」成即食的涼拌菜。

販售青木瓜沙拉的店家或攤販都至少會有 2 個搗缸，一個供臭魚醬專用。

東北山多，溪蝦漁獲所醃製而成的各種醬是 Som Tum 的佐味來源，整盤醬汁呈現墨黑色，不是所有的人都能接受，所以都會區的消費者便將料理在地化，把調味來源的臭魚醬改成了大眾化的魚露及蝦乾，又增甜、減辣，在地化的演變下，終於在 1990 年代後形塑出我們現在所看到的清爽型青木瓜沙拉，這種不加魚醬的街頭販賣型態在泰國叫做「Tum Thai」，由此可證，第二種推論其實比較接地氣，

但是喜歡泰北原味的人還是有的，所以幾乎每個販賣青木瓜沙拉的店家或攤販都會至少有 2 個搗缸，一個是「Tum Thai」專用的缸，另一個則是「Tum Isan」專用的缸，也有人稱作「Tum Laos」，就是可以盡情的 Tum 各種臭魚醬專用。

我清邁的朋友是高學歷的大學老師，她說加了臭魚醬的 Som Tum 其實很好吃，但很多人都不願意承認自己喜歡那個味道，可見可以從料理當中看出不同社會階層的選擇。

青木瓜沙拉在泰國街頭的販賣型態真像是街頭秀，老闆會用菜刀當場削出木瓜絲。削木瓜絲時，刀起刀落之使力有輕有重，削下來的木瓜絲就會有粗有細。粗的是吃它的脆，細的是吃它蘸滿醬汁的味。若不熟菜刀削法，泰國市面上也有青木瓜專用刨刀，要注意的是，木瓜絲不要刨得過長，因為鹹的魚露很快會把木瓜絲的水分帶出來，如果木瓜絲過長，木瓜絲會像醃泡菜一樣失水之後變得軟塌，在擺盤的視覺上就挺不起來，不夠好看。

再來，前面有說過，木瓜是由歐洲人帶來，先是栽種在進入泰國門戶的馬六甲的地區，泰語稱這種栽種在馬六甲地區的木瓜叫做 มะละกอ（音譯：馬拉勾） 你在泰國所吃的涼拌青木瓜統統叫做 Som Tum，而不是甚麼「Tum 馬拉勾」。由此更可證，涼拌青木瓜是 Isan 傳開。

喜愛音樂的泰國絲琳通公主在 1970 年、15 歲時造訪北部，吃了涼拌青木瓜 Som Tum 之後，做曲

壇詞寫了一首青木瓜沙拉之歌，在 1991 年時由當時的鄉村民謠歌后 Phum Phuang Phuang Moon 唱紅，這首歌經由歌星及民眾傳唱，還編舞配合歌曲的旋律，把 Som Tum 的食材及 Som Tum 的作法透過舞蹈邊唱邊跳的方式教做，當然傳唱全國，全國的中小學像是列入健康操一般的載歌也在校園展開，，儼然像是課本的基礎教材，可以說青

木瓜沙拉成爲知名的泰國菜是經過皇室加持的，特別是在 2002 年塔克辛總理執政時，以世界廚房的政策把泰國菜推向國際，成爲全球性的美食。東協會議國宴上的表演節目，就有這首歌，歌詞如下：

เนื้อเพลง ส้มตำ

青木瓜沙拉之歌

อไปนี้จะเล่าถึงอาหารอร่อย
接下來，來講好吃的

คือส้มตำกินบ่อยๆรสชาติแซบดี
就是常常吃到又美味的，木瓜沙拉

วิธีทำก็ง่ายจะบอกได้ต่อไปนี้
它的作法很簡單

มันเป็นวิธีวิเศษเหลือหลาย
卻又非常奇妙

ไปซื้อมะละกอขนาดพอเหมาะเหมาะ
去買個木瓜來，大小要剛好

สับสับเฉาะเฉาะไม่ต้องมากมาย
切切，刨刨，份量別太多

ตำพริกกับกระเทียมยอดเยี่ยมกลิ่นไอ
放進辣椒和大蒜一起搗，聞著眞不錯

มะนาวน้ำปลาน้ำตาลทรายน้ำตาลปี๊ปถ้ามี
若可以，再加點青檸，魚露，白砂糖，糖漿會更好

ปรุงรสให้แน่หนอใส่มะละกอ..ลงไป
調味料要配好，木瓜加進去

อ้ออย่าลืมใส่กุ้งแห้งป่นของดี
噢，別忘了，放蝦乾末

มะเขือเทศเร็วเข้าเอาถั่วฝักยาวใส่เร็วๆ
快點倒進番茄，還有長豆角

เสร็จสรรพแล้วชิยกออกจากครัว
全部弄完後，便可端出廚房

กินกับข้าวเหนียวเที่ยวแจกให้ทั่ว
配著吃的糯米飯，一一發給大家

กลิ่นหอมยวนย้วนน่าน้ำลายไหล
噴香的味道，引得口水直流

จดตำราจำส้มตำลาวตำเรามา
記下我們的秘方，屬於我們的老式 Som Tum 秘方

ใครหม่ำเกินอัตราระวังท้องจะพัง
誰要是扒拉得太多，小心肚子受不了

ขอแถมอีกนิดแล้วจะติดใจใหญ่
再說出一點，你一定會更加喜歡

ไก่ย่างด้วยเป็นไรอร่อยแน่จริงเอย
和烤雞一起吃，簡直太讚了！

中部菜
潮洲菜鑊氣影響下的
泰菜大拼盤

　　食評家們說泰國菜深富層次感,有些人則說泰國菜又酸又辣好下飯,綜合上述之我見,泰國吸納了周邊鄰國部族的飲食文化之後所發展出來的餐飲風味,絕非只以「酸」和「辣」那麼膚淺的形容就能說盡,泰國菜所蘊藏著的「氣味」,也絕對不只是南薑和香茅而已,還必得兼有一種已然成為泰國國菜─泰式炒粿條的那種「鑊氣」。

　　17 世紀的泰國出了一位來自中國廣東人的後裔當上國王(鄭信),這是舉世皆知的泰國政治歷史。因漢人鄭信為王的關係,滾滾洪流中大量的廣東潮汕移民進入泰國,也帶進了熱鍋快炒的廚藝。

　　廣東潮汕的熱鍋快炒講的是「鑊氣」,這種鑊氣的鍋炒烹技進入泰國之後,衍伸出著名的泰式炒粿條及咖哩炒螃蟹,以及大家都喜歡的豆醬炒空心菜。

　　泰國的中部是政治及經濟中心,是人文匯集的高經濟區域,有來自全國的商貿,或者為通婚、或者為討生活而湧入的移工,這外來的移民在情感上會把家鄉的那一味也帶進繁華的中部,可說是境內飲食文化的再次融合。

　　自古人類逐水草而居,湄南河貫穿以曼谷為中心的中部平原,充沛的水源灌溉千百畝良田,農產漁牧

泰式炒粿條。

咖哩滑蛋炒螃蟹。

豐盛，外來人口匯集於此，泰國的繁榮景象莫此為甚了。

匯集外來人口的另一個意義，就是匯集了外來各地的飲食文化。民以食為天，有人吃，就有人賣，所以，你可以在中部的曼谷街頭吃到北部及南部的菜，更多的是可以在中部吃到許多受到華人影響的鍋炒料理，例如：咖哩滑蛋炒螃蟹、熱鍋爆炒各式的水菜以及炒粿條等。

廣東潮州移民在曼谷顯現的文化之一，是將料理以大火快炒，這種炒出鑊氣的烹飪手法以「炒粿條」蔚為經典。最早只有蠔油芥蘭炒在粿條上，後因「排華因素」及「泰化政策」之下，變身成為加了羅望子醬的「泰式炒粿條 Pad-thai」。

「咖哩滑蛋炒螃蟹」則是台灣人赴泰旅遊時的朝聖必吃之一，我曾經有兩次目睹的經驗，看到在餐廳裡鄰桌的一位背包客，只點一盤咖哩滑蛋炒螃蟹，默默的獨自食用桌上唯一的那一盤「咖哩滑蛋炒螃蟹」，吃完後飽足的默默離開。

「滑蛋」的技巧是手握鍋炳，以同一個方向連續旋轉、搖鍋，在一定的火候之下，將鍋裡的液態蛋互相撞擊到接近熟成塊狀時即熄火，鍋底的餘溫會讓尚未完全凝塊的蛋液熟成、軟嫩如蒸蛋那樣，這種複雜的烹技完全來自廣東潮裔，可如今它也是「曼谷有名的泰國菜」了，而且是台灣人赴泰時必朝聖的泰國菜。

很多人都看過街頭夜市裡好似在表演特技的「火焰爆炒飛天空心菜」，這也是典型的華裔烹技，許多類此「熱鍋爆炒」的菜系都影響了泰族的作法而成了泰國菜。

Chiang Mai

THAILAND

Bangkok

Pattaya

Hatyai

南部菜
穆斯林咖哩與蝦膏
醃漬美味

馬沙曼咖哩。

　　泰國南部有名的馬沙曼咖哩（Massaman-curry ／泰文：แกงมัสมั่น）源自馬來西亞。在 15 世紀大航海時代，香料貿易路線途經馬來西亞旁的馬六甲海峽，所以地利之便的馬來西亞地區在當時就從穆斯林那裡學會了乾性香料入菜的烹技。

　　這裡要先說一說泰式香料，香料分為「乾式的香料」和「濕式的香料」。所謂「濕式香料」就是帶著汁液的香料，例如：南薑、香茅、檸檬葉、香菜、青蔥……等；而不含水分的香料，也就是曬乾到脫去水分的香料，即「乾式香料」，例如丁香、豆蔻、胡椒、

沙嗲烤肉串。

時蔬辣蝦醬。

桂皮、小茴香……等。

馬來西亞的咖哩大量使用乾式香料，這種充滿乾式香料的咖哩因地緣因素，直接的或間接的或隨著人口移動，把使用乾式香料的咖哩帶進了泰國南部。也因馬來西亞有大量的棕櫚椰子樹，於是影響了泰南咖哩加入大量的椰漿，最有名的是「帕能咖哩」（Phanaeng-curry／泰文：พะแนง），椰奶的使用就成了南部咖哩的特色之一。

馬來西亞有大約 65% 的人口信奉伊斯蘭教，其信徒被稱為「穆斯林」，所以，泰國人直稱那種由馬來西亞傳進來的香料所烹煮而成的咖哩為「穆斯林的咖哩」，久而久之，音譯成「馬沙曼咖哩」。

泰國中部以南很容易看到 1 串 10 銖的街頭烤肉串，烤肉串泰文「สะเต๊ะ」讀音與馬來西亞 Satay

相似，這種傳自馬來西亞的沙嗲烤肉，是 19 世紀時由印尼創想出來的街頭攤販，同樣是使用大量的乾式香料入味，經由馬來西亞傳到泰國；泰國串烤豬五花肉超好吃的，但在馬來西亞的烤肉串卻比較多的是雞肉串烤，這是因穆斯林人口有著不吃豬肉的教條。

南部兩面都是海，魚、蝦等海獲非常多，基於保存的必要性、把它曬成乾的、或以高濃度鹽巴醃漬，其中很有名的就是「蝦膏」（泰文：กะปิกุ้ง／音：嘎必」。蝦膏的製程是小蝦漬以鹽巴，磨碎，日曬發酵而成，因此，南部人常常以蝦膏為底，加一點椰糖及酸橙汁和辣椒，沾食著各式各樣的蔬菜，這就是南部有名的「กะปิ」。

到底是台灣學泰國，還是泰國學台灣？

「「月亮蝦餅」與千古疑案的雍正奪嫡！」

有一種含蝦成分的料理，以蝦泥及其他配料裹以腐皮蒸熟再油炸，台灣稱它叫做「蝦捲」。另一種蝦料理也是蝦泥及其配料抹在米皮（也有麵粉皮的）再油炸，泰國人稱作蝦瓦片「กุ้ง-กระเบื้อง」，「กุ้ง」是蝦，「กระเบื้อง」是磚瓦。

我有一位來自泰北的朋友，她40年前以假結婚來台，她曾是第一代的瓦城的廚師，她跟我說月亮蝦餅是泰國菜。

你以為泰國人說它是泰國菜它就是泰國菜嗎？考證料理源頭須由民族性的飲食文化推論，常常同樣的食材會因著不同時空而顯出內涵及外型上的差異。從蝦餅的製程來看，台灣的月亮蝦餅餡必須鮮蝦剁成泥，再甩打出筋性，不能有水分，形成自然黏稠的蝦泥，做成蝦餅後有點像豬肉貢丸那樣有緊實Q彈的口感。反觀看泰國許多名廚在烹飪視頻教做月亮蝦餅時，他們的共同點都是在蝦泥裡加入玉米澱粉攪拌再抹皮再下鍋炸，玉米澱粉的目的是利用澱粉的黏著性抓緊蝦泥不鬆散，但甩打與澱粉黏著的口感是不同的，若你有泰國的旅遊經驗，你一定吃過泰國的魚丸是軟口感，與台灣那種經過甩打Q彈的魚丸是有差異的。

台灣近年來火紅的泰菜餐廳「泰J」及「Woo Cafe」都標榜清邁來台原汁原味的純正泰國菜，他們的菜單裡並沒有月亮蝦餅。海外的泰菜餐廳，無論是泰國人直營或是海外授權店，應該都不是來台灣取經開店，而是理當傳自泰國，我在澳洲旅行時，特意光顧澳洲的泰菜餐廳並沒有月亮蝦餅的影子，據此考證月亮蝦餅非泰國傳統菜。

「蝦仁」是多種民族所共有的料理食材，而飲食文化的形成常常是點滴滲透中相互學習而成。前文有提到台灣的泰菜鼻祖是來自泰北的緬甸雲南裔，40年前的緬甸雲南人來台往返的過程中，把台灣的蝦捲與泰國的蝦瓦片融合，演變成創意的扁平月亮蝦餅是可以成立的推論。

古早味的蝦捲拍平成蝦餅，又給它一個形似月亮的菜名上了桌，說它是台灣的創意變形菜，然後從台灣紅到泰國去的推論更可以被採信。但是，泰國人的蝦瓦片呢？泰國的烹飪視頻教做月亮蝦餅，儼然宣示泰國才是正宗發源地了，真是中國版的雍正奪嫡疑案！但總不能說泰國有雷同的蝦泥料理就能把馮京當馬涼看吧。

　　1964 年旅泰華僑投資台灣，開設在台北的五星級飯店——「中泰賓館」開幕，旅泰僑領來台，帶來了泰廚團隊，當時的泰廚來台無論是設廳營業或僅是私廚宴客，是純泰菜抑亦或是泰皮潮骨（潮州人）的泰味，都是開台灣泰味料理的先鋒。

　　那個年代，國立台灣大學對考入台大的學生採導師制照顧新生，我先生在大一新生的時候跟著全班被導師宴請到中泰賓館享用他人生的第一次自助餐。我問他當年的中泰賓館裡可有如今一般炫麗奪目的泰國菜？我先生歪著頭說：「已沒什麼印象了，只記得餐盤裡的菜色堆得尖尖的。」又說：「怕台北的同學笑我們高雄上來的土包子沒吃過大飯店，不懂飯店的菜，所以我們南部上來的同學都默默的吃，不敢多問，但記得沒有多好吃，味道不是習慣中的味道。現在想來或許當時已有泰味摻在其中了。」。

　　我翻到一篇 2000 年的今週刊專欄作家撰文提及，「中泰賓館三十年前的泰國菜以水土不服難被接受而草草收場⋯⋯」民國 50 年的台灣國民平均是 5000 元，當時能在中泰賓館消費的人一定非富即貴的高官商賈，當然不可能是庶民能嚐，肯定難為共有的回憶，更何況彼時尚無在地話的概念，賣的一定是原汁原味的泰國菜，一般人無法接受，反而是賣平價雲南米干、賣泰味咖哩的街頭「泰國小館」被普遍認同是台灣第一家泰味餐廳，其中雲南米干有著「豆豉餅」的特殊調味，不是一般粿條湯麵能取代。

番外篇
泰菜在台灣，
四國九族在一村

　　東南亞的料理都有一種相似的氣味，除了椰糖、椰漿之外，就是草本的熱帶香草植物那種無以替代的香氣，香茅、南薑、卡菲爾檸檬、香蓼、臭菜、手指薑、珠茄、蛋茄、打拋葉、還有類似檳榔葉的假蒟葉以及香蘭葉。

　　這些原本不太容易在台灣尋覓的香草植物，現在都已日見普遍且容易購得。我因為很早接觸泰國菜的烹飪教學而見證到這些香草植物進入台灣的路徑，我的分析或有不完全正確，應也相去不遠！

東南亞香草植物進入台灣的路徑

泰國、越南、印尼、以及柬補寨的女性新移民絕對是這些香草植物的移植者，但最早將這些香草植物帶進台灣的，卻是從泰北邊境撤退來台的泰北孤軍們。

香草植物進入台灣的時間，依序應是三個路徑：

第一個路徑：
經由撤退來台的泰北孤軍軍民引進

年紀在 5 年級生以前的人大概比較熟知關於泰北、雲南、緬甸邊境孤軍的歷史，這裡我簡單敘述一下當年的政治時空。大陸在國共內戰時期，一群國軍部隊自中國雲南邊打邊退，一路退到緬甸邊境，因失去政府的補給軍援而成為一支無所依的殘軍，這支殘軍在泰、緬、雲南及寮國的邊境野地求生打遊擊，為求生存、打打殺殺的造成緬甸的威脅，是緬甸政府如刺在背的困擾，緬甸政府於是一狀告到聯合國請求中國的殘軍撤出緬甸，在聯合國的軍事調停下，在台灣的中華民國於 1953 年以「國雷專案」將一部分的殘軍撤退來台。

從 1953 年到 1961 年，陸陸續續的，不同批次撤退來台的軍民大約萬人以上。這一萬個來自泰北地區的移民被交給「退除役官兵委員會」專責照顧，分別安置在北部的桃園龍岡、中部的見晴農場（今清境農場）、南部的美濃／里港。這批來台的軍民中包含著原本就生活在緬甸、泰北清萊及寮國的傣族，以及泰族的軍眷，這段歷史意味著泰北的香草植物在 1953 年之後開始進入台灣。

移民的鄉愁是家鄉味，唯有家鄉味能夠最直接撫癒離鄉背井的靈魂。家鄉味的根莖植物就是佐餐的香草。根據美濃、里港的孤軍長者口述，泰北味的香草植物藉著當時辦理國雷事務的同袍在往返台灣與泰北時，少量夾帶進台灣種植，一戶種活了就分株給鄰居種，有的用種籽育苗，有的用插枝或嫁接法，這樣由南部開始種，又種到了北部去，繁殖的量可能不多，但那是一個南國香草植物生根於眷戶庭園內的開始。

孤軍來台之後就有人開賣家鄉味的餐食營生，北部桃園開餐廳賣米干，中部清境的民宿賣雲南菜，南部的美濃／里港則是以米干湯麵的攤子為主，這些餐食或多或少都使用了各式香草，也因有了香草的需求，自然就會有人想盡辦法

者，這是較早開啟外籍配偶進入台灣的起點，到 1990 年代後期開始，政府開放通婚而引進大量東南亞籍的女性配偶，依內政部歷年統計，來自東南亞國家的女性新移民粗估已超過 50 萬人。

栽種家鄉味的香草植物以供應，就這樣越種越多了。

第二個路徑：
跨國通婚的女性新移民引進

1980 年代開始，因應人力成本考量，國內產業外移，很多企業遷廠至東南亞國家。此時來自台灣外派至東南亞國家的駐場人員，因地緣關係，多有與當地女性通婚

研究移民的專家們提出的數據顯示，我國與外籍女性通婚的男性有很高的比例來自農村，農村多的是可耕種的土地，於是理所當然一向慣於掌管廚房的女性配偶便種了屬於家鄉味的香草植物，全國北中南似乎就點線面的連了起來，這應是大量開始出現在特定市場、販售東南亞香草植物的源起。

我的香草園前屋主將大門巧妙的將地址與口號結合。

我在 2009 年，第一次想要種植手指薑時，正是我在國小教媽媽班時的學生家長給我的薑苗，那位來自泰國的新移民嫁來台灣已 18 年，她就是在泰國的餐廳邂逅外派泰國的台商先生，成為台灣早期的新移民。

第三個路徑：
經由大量引進的外籍勞工及看護

1992 年從勞委會公告開放七千名幫傭及各種行業的勞工開始，大量的外籍勞工及看護工被引進台灣，從事外勞引進的產業也會引進外勞的用品，加工區的工廠周遭從不匱乏專門販售東南亞生活用品的外勞雜貨店，有人買就有人賣，有人賣就有人種，工廠宿舍區裡的小廚房從來就不乏東南亞的家鄉味飄出，如此又是一個全國北中南越見普遍的香草植物繁衍。

東南亞的香草植物依著這三個路徑進來台灣，這樣走著走著也將近 60 年，目前已經有很多台灣本地小農大量的經濟栽種，泰滇緬式的料理餐廳陸續不停地開，生意也都很興隆，所使用的香草植物根本不需依賴進口，本地所種植的面積產量足以供應內需。

四國九族在一村～高雄美濃

成功新村內保留了許多標語，有著過去眷村特有的歷史人文故事。

10 年前我租了一塊 20 坪的地，專門栽種烹煮泰國菜需要用到的各種香草植物。20 坪的坪效剛好可以滿足開課教學所需，以及少量供應給學員們回去之後能有香草食材可料理當天我所教做的泰國菜。直到 3 年前，我的一位學員介紹引導我購買香草園現址的土地，她是來台的孤軍二代媳婦，帶我認識南台灣的雲南村，而有了「泰泰風·泰國滇緬香草植物園」。

「泰泰風·泰國滇緬香草植物園」園址位在離高雄市中心 45 分鐘車程，美濃區吉洋里的成功新村（高雄農場附近）。第一次造訪該址的時候，我既驚奇又興奮，驚奇的是四下環顧，到處都種植著我

一向就認識的東南亞香草植物，興奮的是周遭居民所講的傣族語，沒一句我聽得懂，在那種佈滿香草植物的環境，兼又身處聽不懂所講的語言之下，我好像是出了國，置身在泰國的清邁！

泰泰風農場的社區舉辦的泰緬風味餐饗宴活動，雲南村大媽們節慶時仍沿襲泰緬手抓飯方式用餐。

「四國九族在一村」是在南台灣眷村裡（高雄的美濃／屏東的里港）罕見的真實景況。「四國」指的是移居這個眷村裡的居民有來自四個國家的國籍，分別是中國雲南、緬甸的撣邦、泰國的清萊、以及泰國東邊的寮國。「九族」指的是他們分別來自泰、緬、寮、邊境的傣族、哈尼、布朗、拉祐、栗僳、景頗、伍、苗、瑤等九個族裔。

每年都會辦理一次潑水節或米干節活動，各族穿著家鄉傳統服飾。圖片提供／屏東縣里港鄉信國社區發展協會

妥鬧豆鼓炒肉末

酸包菜炒肉絲

酥炸雞排（椒麻雞）

差翁臭菜煎蛋

芭蕉花肉絲

手抓飯
（糯米飯、黃花飯、
紫米飯）

香料醃肉

香料香腸

雞爪菜炒肉絲

南瓜尖（南瓜嫩葉）

傣泰同源，泰北的【康托帝王餐】原來是傣族的手抓飯。

鄰居馬大哥在國共內戰時還是個幼童，現已白髮蒼蒼，聽他說著叢林游擊軍的往事讓人感慨萬千。

　　四國九族融居在台灣高雄的這個眷村裡，是一段政治歷史悲慘歲月的延伸。中國在國共內戰的那一段時日，國民黨政府便廣徵民兵、募集軍力，軍隊一路打一路退，退到泰緬邊境成為「雲南反共救國軍」，這支「雲南反共救國軍」軍隊裡包含年僅十歲的幼童，幼童扛著槍桿子從軍，聽似神話，卻是真實的歷史軌跡！

　　戰亂時期以西雙版納傣族為多的雲南人民，攜老扶幼四處逃竄，有的逃到寮國，有的跟著軍隊西逃到緬甸，這逃難群裡有少數民族的民眾，大人小孩都有。

　　據如今已成老翁的當年幼童青年軍——鄰居馬大哥描述，青年軍的幼童當中，有的是傻傻的為圖個飯吃就跟著走，有的是被拐騙牽著走，這批反共救國軍失去軍需物資，斷了後援軍糧，成為孤軍駐紮在泰、緬邊境的叢林成為游擊軍。駐地打遊擊的軍旅生活雖吃盡苦頭，卻也有烽火愛情譜出佳偶。駐軍們與山裡的少數民族婦女，有的是對上了眼就結婚，有的是在山裡面走著走著就被駐軍搶來變成老婆，於是便形成中國殘軍部隊的配偶群裡摻有來自至少九個少數民族的不同族群。

　　十歲就扛槍的青年軍與被搶親成為人妻的老婆，這種稀有的人生案例，在歲月流轉下，以「國雷專案」來台定居在這「四國九族在一村」的雲南村裡，就是我的「泰泰風・泰國滇緬香草植物園」所在地。

　　關於為何有「四個國籍」，我訪問香草園的鄰居張大媽，據她簡述的歷史故事，是當年國共內戰從大陸撤退進入滇緬區域的軍隊，因失去軍援而成為打遊擊戰的殘軍。殘軍們沒有國籍、沒有身份、也沒有合法居留權的在泰北邊境打游擊，有一次因協助泰國政府擊敗長期邊患的緬甸軍而立下大功，泰皇龍心大悅之下，御賜參與戰役的軍民公民權以及「圈地住居」的居留權。「圈地住居」就是在限定的範圍內，以特定條件限定居住，這才終於可以光明正大的居住在泰北，

結束東西流竄的難民生活。

這種限定條件居住在泰國圈地的泰國人，其實是中國的軍人，以及山區裡的少數民族婦女與之通婚所組成的家庭，這下拜泰皇所賜就都變成泰皮華骨的泰國人了。而緬甸籍則是原生在緬甸的少數民族婦女與殘軍通婚的軍眷，寮國籍也是如此。

四國九族的軍民們來到台灣美濃、里港時，由「國軍退除役官兵輔導委員會」安置分配供住在荖濃溪畔，環境佈滿大小不一的石礫，初始過的是搬石頭墾荒的生活，日子辛苦的景況無以言喻。

離鄉背井的鄉愁唯有家鄉味才是最直接的療癒，於是屬於泰北的香草植物，如臭菜、苦茄、假蒟、花椒，甚至酸木瓜也都在台灣種了起來，值得一提的是連調味用的大豆發酵餅（泰文：ถั่วเน่า／讀音：妥鬧），也異地重生成為普遍的日常調味用品，那種屬於泰北、雲南、緬甸記憶中的味道，便紛紛的在美濃里港的雲南村重現。

南部高雄有冬天的暖陽，更有夏天的豔陽，那種需要烈陽曝曬的「豆豉餅－妥鬧」，及必須暖陽發酵的水醃菜和泰北香腸都能自給有

與夫婿撤退來台灣的張大媽，有著精湛的手藝，我也曾與她學習妥鬧的作法。

泰北充滿香草風味的香腸，在高雄成功新村艷陽天下，伴隨大媽們的鄉愁重現。

餘之外，還能長期供應販售到清境農場給當地的民宿業者及雲南菜餐廳，這樣子賣米干、賣香腸，靠著製作販售家鄉味的傳遞，也算是不無小補，安居樂業，異地他鄉變故鄉！

泰・滇・緬三味合體在台灣

35 年前，我剛從泰國回來的那幾年，第一次在台灣吃到的泰國菜是高雄的第一家泰國菜「瓦城餐廳」，「瓦城」位處在狹窄的巷子裡，裝潢很簡單，桌椅是那種一桌配 4 椅的方形木桌。與其說是餐廳，其實更像湯麵館或是水餃麵店之類的，場地空間很小，但生意很好，那時候大家都相信那是「泰國華僑」開的店，之後至今，他們還繼續營業著，只是換過很多地點，店名也改為「紅城」。

陸續開始很多以「雲」字為店名的泰菜餐廳開張，例如到現在生意一直都很好的「雲泰城」、「雲泰小館」及「泰滇緬餐廳」等，僅僅在高雄就超過三百多家。

同年我在台北公館吃的泰國菜，到現在地點沒變、店名沒變，老闆的名字也沒變，她是「泰國小館」的瑪麗，查遍媒體都說泰國小館是全台灣首家泰菜餐廳，台灣的北高兩大城市在約莫 30 ～ 40 年前就都有泰菜餐廳，我後來才知道，他們都是來自泰國北部的泰籍或者是緬甸籍，全都跟流落在雲泰緬邊界的中國孤軍們有關連。

中國孤軍隨著「國雷專案」來到台灣，為求生存開店做餐飲生意，賣的是雲南家鄉味。台北和高雄的首家泰菜餐廳老闆其實都不具泰國國籍，即便有泰籍身份，也是因為當年在邊境隨部隊協助泰國打敗共軍而獲泰王浦美蓬御賜的公民權，和泰北圈地居留的泰皮華骨的泰國人。

所謂圈地居留就是獲賜得以在泰緬邊境地區居住，但僅限於在邊境特區活動，不能跨越所約定的特區界線。這意味著當年的國軍部隊們，極有可能從來就沒有在泰國境內生活過，所認知的泰國菜有可能就是由少數可以往返泰國的親朋所交流，所以，他們來到台灣所開設的餐廳自然會加入雲南菜，例如：椒麻雞、大薄片，以及粑粑絲等，因此「雲泰城餐廳」或「雲泰緬餐廳」的店名就是這樣的由來。

但來台的孤軍及家屬們所開設的餐廳，為求異國風味的認同感，大都以「泰菜」作為標榜，可說是開台灣泰菜之先鋒，泰菜因此開始被台灣認識。

真正的泰北菜可能在台灣

　　泰國政府的「世界廚房」計畫項目中，包含海外泰菜餐廳的輔導及認證，而有了「泰精選」的標章認證措施。

　　「泰精選」所訂定的評鑑標準之一，兼顧了料理口味在地化的必要性，因此，評鑑的積分只要求達到60%的泰國原味即可通過評鑑並獲頒「泰精選」的標章，以此推行「世界廚房」政策在海外的落實執行。從「泰精選」時代開始了有標榜正宗泰國菜的餐廳出現。很多台灣人投資豪華的裝潢，標榜賣的是道地泰國菜或者是精緻的皇家菜，如「曼谷餐廳」或「蘭納餐廳」等等。

　　2017年，具有正宗泰菜血統的國際級餐廳登陸台灣開店，在泰國屢屢獲獎的東北菜「Nara Thai Cuisine」首先於台北展店；2018年「藍象餐廳」亦受邀來台快閃。順便一提，最近一年在台灣北中南猛開分店的「Thai J」及「Woo Cafe」業績也是火紅得不得了，我到清邁學習之旅的時候，特別造訪他們位於清邁的發源店，也都賓客滿座。但清邁的泰籍朋友告訴我，「Woo Cafe」賣的並非本地泰北菜，而是時髦的創意菜，後來我從台灣「Woo Cafe」老闆那裡知道了清邁的Woo Cafe老闆曾任職於五星級飯店，在餐飲業轉了一圈後便出來創業，深知觀光客要吃的是什麼菜，所以即便他的起家店是在北部的清邁，賣的卻是顧客導向的泰中、泰南料理。

　　這件事代表著——你去清邁吃到的不一定是純正的泰國清邁料理，反而好像真正的泰北菜還在台灣呢（Nara Thai Cuisine在台北）！

3

泰菜的「氣」和「味」大解構

香氣解構－濕式香料

食物能夠勾引食慾是從氣息開始，再來才是味道。大地的食材有時必須經過加熱熟成才能引人入勝，而泰國菜那股撲鼻而來的香草芬芳，卻是生鮮的氣息就能引人垂涎，那是亞熱帶氣候香草植物的特色。台灣與泰國的氣候相似，所有的香草植物在台灣都能耕種能收成，幾乎不用從泰國進口。

示範料理：酥炸拉肉 P.148

芫荽（香菜）

芫荽在台灣俗稱香菜。香菜在泰國有兩種賣法，一種是「帶著根全株賣」，另一種則是「只賣短莖及根」。香菜根是泰菜非常重要的味源，有時是做湯底熬湯，更多的時候是與蒜仁、蔥頭一起搗碎當炒醬，泰式咖哩醬幾乎都要用到它。

芫荽籽則是香菜的籽，幾乎是每種咖哩醬都會用到香菜籽，先以乾鍋炒到飄出香氣，再磨成粉末狀使用。

示範料理：紅咖哩醬 P.100

香菜開花後結籽也是個寶～幾乎所有咖哩都有它。

芫荽在泰國整株都是寶！市場上除了全株含葉帶根販售外，也有只賣根部和莖的賣法。

刺芫荽

刺芫荽主要的食用部位是嫩葉，氣味與香菜（芫荽）相似，但氣味更濃烈，在泰國，刺芫荽常與芫荽合併使用，栽培容易，近年來台灣的園藝店一盆一株，以觀賞盆栽型態販售。

示範料理：瀑布豬 P.154

打拋葉

打拋葉直接音譯自泰文「กะเพรา」（譯音：Kaprao），有特殊香氣，使用上跟九層塔一樣，在熱炒起鍋前撒一把增香，最爲台灣人熟知的料理是打拋豬肉。栽培很容易，隨著大量的東南亞新移民進入台灣，在工業區附近的雜貨店都不難買到。

示範料理：打拋肉 P.202

九層塔

九層塔粗分為白骨和紅骨兩種，紅骨九層香氣比白骨更濃，但加熱後紫骨容易變黑，白骨九層塔則仍能保持青翠的綠。因為九層塔久煮會喪失香氣，在使用上，無論是鍋炒或是湯頭提味，通常是起鍋前才撒上一把。

示範料理：手指薑炒雞柳 P.212

示範料理：泰式魚餅 P.210

卡菲爾萊姆

卡菲爾萊姆的果實的外皮凹凸不平，類似痲瘋病患的皮膚，台灣稱他「痲瘋柑」，但因名稱不雅而有馬峰橙之稱。也有尖葉橙的別稱。果肉沒什麼湯汁。果皮是許多泰式咖哩醬必須的原料，在泰國也被加工做成洗髮及沐浴用品。

卡菲爾萊姆的葉子可生食，香氣無敵，是許多泰式料理重要的味源，使用時需要撕去中間的葉脈，香氛才能完全釋出。

示範料理：綠咖哩醬 P.101

香蓼

香蓼，在泰北菜系裡最常運用到的菜餚是「剁肉」、「牛肉湯」以及「包燒烤魚」。「剁肉」這個菜，在台灣的餐廳裡會被譯成「錦灑」，牛肉湯則是被譯成「牛趴呼」。

「錦灑」是傣族語直譯而來，傣族是分佈在泰北、寮國、雲南、緬甸一帶的其中一個族群，孤軍來台的女眷們有不少是傣族。傣族語的「錦」是肉、「灑」是剁的意思，香蓼會跟著香菜、蒜仁及薄荷之類的香草與肉類一起剁到細碎，讓肉類都入了味，下鍋煨熟即成。

清邁的東方文華酒店裡有一大區約莫百坪的香草種植區，我見到了一片依著人造溝渠蜿蜒而生的香蓼，香蓼是草本植物，據查資料顯示，香蓼是喜近水澤而生的一年生可藥用植物。

在我的香草植物園區裡並無水澤區的規劃，於是我把它種植在稍多遮蔭的地方，且時不時大量的給水，保持在土表不乾燥的狀況下，也生長得很好，要用到的時候，隨時採摘不虞匱乏。香蓼雖說是一年生植物，但相當好繁殖，只要折一段有芽節的莖枝，插於水杯即見生根，若直接插於濕地土裡也易存活。沒有盡除的土裡的老根，在越過冬天後也會自發自長成新的開始。

清邁的東方文華酒店依著人造溝渠蜿蜒而生的香蓼。

示範料理：牛趴呼 P.170

檸檬香茅

香茅可以煮香茅茶及做料理，通常只用到莖的部分，葉子可以煮水薰香，幾乎每種咖哩醬都會要用到香茅。香茅栽種容易，帶著根部插水即生根繁殖。

示範料理：泰北涼拌拉肉 P.146

泰泰風的香茅園。

香蘭葉

香蘭葉具有染色及香氣兩大功用。做甜點做料理都常用到，打成汁液就是最佳天然綠色的食物染色原料，栽種容易，通常連莖截取之後插在水裡即可長根移植。

香草植物在泰國隨處可見，曼谷的暹羅百麗宮百貨門口就種植香蘭當造景欣賞。

示範料理：露瓊 P.248

泰國街頭的甜品店，圖中綠色的類似米苔目就是用香蘭染色。

香氣解構－乾式香料

　　泰國北部受到源自雲南穆斯林商貿古道的影響，及南部馬來西亞穆斯林的影響，也使用了乾式香料入菜，幾乎所有的泰式咖哩醬都需要以乾式香料融合濕式香料，增加了香氣的層次感。

丁香

丁香樹是一種小型的熱帶常青樹，葉片也會散發出香味。它未開花的花苞，就是我們稱做丁香的辛香料。丁香粉有明顯又溫暖的滋味，不管是鹹味或甜味的料理，都適合使用丁香，丁香的使用量占比不大，因為過多會壓過其他辛香料的味道。

示範料理：馬沙曼咖哩 P.103

小茴香

茴香籽具有藥用價值，在泰國菜裡的運用是做咖哩醬的香料之一。

示範料理：黃咖哩醬 P.102

八角

八角的香味有點像茴香，還帶著一點甘草的味道，除了些許辛辣甘甜的滋味外，口腔還會微微地發麻，餘味則清新怡人。八角的原產地在中國南部和越南，除了是烹飪方面的常用香料外，還具有藥用價值。

示範料理：泰北原味香腸 P.168

黑胡椒

胡椒漿果採收後，以熱水清洗、乾燥，就變成黑色的黑胡椒粒。胡椒果肉富含「胡椒精油」，能使黑胡椒味道嗆辣，香氣強烈且濃郁，常用於製作咖哩醬。

示範料理：綠咖哩醬 P.101

白胡椒

胡椒漿果採收後，經過浸泡，脫皮，烘乾，即呈白胡椒。因已去除帶有胡椒精油的皮肉，所以嗆味略低於黑胡椒。常用於製作咖哩醬。

示範料理：雞蛋差翁煎蛋 P.233

豆蔻（白荳蔻）

豆蔻樹原產於印尼，盛產在馬來西亞，台灣南部也有種植。豆蔻果實有點像杏，呈圓形，顏色淡褐色，散發出令人興奮的香味，略帶辣味，是香料也是藥用植物。

示範料理：泰北清邁麵 P.134

肉豆蔻

肉豆蔻亦稱肉蔻、肉果，盛產於熱帶地區，尤其印尼產量最大，中國境內雲南、兩廣亦有生產，能藥用也能入菜，除了西廚愛用之外，泰式咖哩醬也常運用。

示範料理：東北涼拌拉肉 P.144

肉桂

肉桂具有木質的清香，又帶點丁香和柑橘的味道。有種溫暖動人、甜美的感覺。肉桂的主要產地在斯里蘭卡，跟中國肉桂一樣，都是取自月桂（laurel）樹種的樹皮所製成。

示範料理：船麵 P.198

芫荽籽

芫荽籽別名胡荽子或香菜子。具有溫和的辛香氣味，味微辣。芫荽籽是製作泰式咖哩必備的香料之一。

示範料理：沙嗲烤肉串 P.220

花椒

花椒是一種灌木的果實，曬乾後有濃烈的香氣，依顏色大致分為紅花椒與青花椒兩種，台灣一般都使用紅花椒居多，但泰北地區常使用綠花椒入菜。

示範料理：椒麻雞 P.138

草果

草果是薑科的植物，草果的成熟果實具有非常特殊的香氣，味辛、微苦，是適用在魚類及肉類的調味香料，中國雲南是草果的主要產地。

草果正確的使用方法是先拍開讓皮裂開，然後乾鍋炒到有香氣再磨粉。如果買到的是已磨成粉末的草果粉，也建議以乾鍋小火炒香後使用。

示範料理：酸木瓜雞湯 P.180

長胡椒

別名蓽茇、是胡椒科胡椒屬，原產地分別在印度和印尼。雲南東南至西南部，廣西、廣東和福建均有栽培。

長胡椒有兩種品種，主要用在慢火燉煮料理和醃漬物中。長胡椒要趁著小小的果實上的花穗還是綠色時，就採收下來日曬乾燥。

示範料理：東北涼拌拉肉 P.144

味道解構－酸甜鹹苦辣

「酸、甜、鹹、苦、辣」五味通常用來總括泰國菜的風味，而這些味道到底是如何調製出來，能夠入味又充滿香氣，讓我們打開五味的寶庫來一探究竟！

泰國菜的酸味大體上分為兩種來源，一為食材本身釋出的酸，二為調味的酸。食材本身釋出的酸味，例如羅望子的果酸及檸檬；經過發酵的酸，例如醃製酸筍及酸菜的酸，以及源自泰北的發酵酸肉的酸。

◆ 食材本身的酸－羅望子

羅望子樹在台灣不難見，只是飲食文化上的差異，使得台灣的羅望子樹只淪為行道樹，台南成功大學門口那一整排的羅望子樹長到應該有兩個樓層高了，每年長出的羅望子果莢沒人重視它，任其結果落果掉滿地，真是可惜了。

台灣人對它的認識大概就是喝到泰國進口的罐裝羅望子汁，以及每年會有大賣場進口熟成的果莢，一袋一袋的販賣，算是零食市場的通路，但其實它有非常廣泛的運用價值，在泰國它是一種大面積栽種的高經濟作物，整株都能運用。羅望子又可粗分為甜羅望子和酸羅望子兩個品種。

泰國羅望子樹不只嫩葉與果實都能入菜，經過修剪造型也是翠綠討喜的景觀樹－攝於泰國大皇宮前。

泰泰風香草園區的羅望子樹。

◆ 羅望子嫩葉／羅望子花

羅望子若是從種子開始育苗栽種，第 3～4 年就可以長到 1 個人的高度，此時植株已長得枝繁葉茂了，摘取嫩嫩的葉子可以煮出酸酸的湯。羅望子的嫩葉煮排骨或是煮雞湯都會有清新的酸香，稍微偏老一點的葉子可以先煮出酸味後撈起丟棄，起鍋前再撒一把嫩葉鋪面，嫩葉可直接食用，在傳統市場會有菜販一簍一簍的賣，非常便宜。

羅望子嫩葉

羅望子嫩葉在泰國是很普遍的食材，菜市場裡就能買到。

羅望子花

◆ 未成熟的羅望子果實

羅望子樹在第 4～5 年開始就可以開花結果，結果的初期，果莢扁扁的，整個果莢的果肉又酸又脆，泰國人會把扁平的幼果拿來入菜、涼拌青木瓜，或與一些時蔬一樣蘸著蝦醬食用，有點像台灣人吃芒果青時沾食蒜仁醬油的概念，當果莢成為快熟但還未全熟的青果時，會被加工成蜜餞，是很普遍的伴手禮，當它熟成之後就是大賣場進口來販賣的那一種零食了。

菜攤就能買到整串的羅望子未熟果。

羅望子幼果可直接沾醬或入菜食用。

煮過的幼果就是一道開胃小點。

◆ 成熟的羅望子果實

羅望子（Tamarind 泰文：มะขาม）又稱酸子或酸角，葉子和果實都可食用，嫩葉煮湯時會釋出天然的酸香。

完全熟成的羅望子果肉也有很高的運用價值，就像台灣人在吃剝殼龍眼乾那樣，直接剝殼吃羅望子的果肉。再來就是把肉剝下來，加水洗出原汁，以原汁加工成多種形態樣貌的糖果，各種羅望子果肉做成的糖果在泰國的百貨通路都買得到，也有伴手禮的包裝。至於在料理上的運用，則是運用羅望子的濃稠醬汁調味。

羅望子的果肉以特定比例加水搓揉成濃稠的醬汁，經過細目過濾網濾出濃稠的醬汁即是「羅望子醬」。羅望子醬的酸帶著果香，運用在很多的泰菜裡，比如酥炸羅望子魚，還有泰式炒粿條及瑪莎曼咖哩，以及沙嗲烤肉的蘸醬，都是必加的酸味來源，有時也會與檸檬汁一起用在涼拌青木瓜，很多的湯類料理在起鍋前也會加一大匙的羅望子醬汁，這種帶著微甜的果酸還帶著點果香風味，會與單純的檸檬汁的酸結合而成爲食評家們所形容的那種富有層次感的酸香。

泰國市場也會販售已去殼處理的羅望子。

市場中網袋裝的羅望子熟果。

示範料理：羅望子醬酥魚 P.158

◆ 食材發酵的酸－酸肉／酸筍／醃菜

酸 肉

在泰北旅行很難不見到這酸香的發酵肉，雖源自北部，但全泰國普遍都買得到，所有的百貨超市、7-11或傳統菜市場都有販賣。酸肉已成爲食品工業的常態產品，品牌眾多，口味略有差異，有的還會用雞肉做。

街頭攤車賣的以竹籤串烤肉居多，餐廳裡食用的話則多樣化，炒蛋、炒飯或配生菜吃。

泰國超市中的食品廠製酸肉。

示範料理：泰北發酵酸肉 P.166

泰國路邊攤的手工酸肉。

酸 筍

醃酸筍是泰北地區非常普遍能吃到的酸香食物，漬鹽轉酸的山筍除了煮湯，還會拿來與辣椒、蒜仁一起搗成蘸醬配糯米飯吃，醃酸菜則常用來清炒蒜仁，有時也切細碎涼拌著吃。

醃菜／酸菜

醃漬蔬菜很簡單，醃漬的方法也有很多種，只要不碰到生水，都不太會失敗。價格不高的醃菜在泰國有多家廠商做成罐頭，有塑膠袋軟包裝的，也有用易開罐或玻璃罐包裝，便於運送宅配，我看到很多外包裝都是中文標示，想當然爾是華人所經營。

酸菜

示範料理：醃酸菜排骨湯 P.218

示範料理：水醃菜炒肉絲 P.160

水醃菜

台灣並沒有加工榨取椰漿的產業，所有的椰漿都從東南亞進口。進口又分為兩種方式，①原裝進口罐裝 400ml（或 200ml），②進口大桶裝進來台灣再分裝。

通常在台灣分裝的椰漿都會加水充量以求降低成本，加了水就得加其他添加物防腐，如此一來，水分比重多於脂肪含量的椰漿當然不夠香也不夠甜了。不管參考何種食譜做菜或做甜點，必須先確認椰漿的成分，可不是每家廠牌的椰漿都是一樣的成分，成分不同意謂著它會影響到其他糖分的使用量。

示範料理：芒果糯米飯 P.238

示範料理：芒果糯米飯 P.238

TIPS 如何辨識高純度的椰漿

辨識椰漿的方法有兩種，一是看標示，二是把它倒進玻璃杯，然後冰它一個晚上，經過油凍的過程，油水分離的脂肪層自然說明它的含脂成分，如果它完全沒有油水分離層的話，那極有可能就是高水分含量添加了黏稠劑之故。

椰糖／棕櫚糖

椰糖和棕櫚糖並不相同。椰子樹和棕櫚樹的花穗都能取汁製糖，台灣廠商大部分的標示都會寫著棕櫚糖（palmsugar），椰子樹產椰子，就是台灣也普遍能看到那一種椰子樹，另一種是棕櫚樹，棕櫚樹的果粒較小，在台灣似乎少見。

椰樹／棕櫚樹可以長到兩個樓層以上的高度，製作椰糖的方法是椰農踩梯爬到樹上，將竹筒或小水桶繩掛在椰子花序的花柄上，然後用刀把花序劃開一道切口，花穗會滴下汁液，被收集在竹筒或小桶子裡，將汁液置於鍋子裡熬煮至水分完全蒸發後，剩下結晶或膏狀的部分就是椰子糖或

棕櫚糖了。

泰國盛產椰子，在中部的夜功省安帕瓦地區被稱為是泰國品質最佳的椰子故鄉。台灣沒有製椰棕糖的產業，全部都是自印尼、馬來西亞、越南或泰國進口。採買椰棕糖的秘訣是①聞、②看、③品嚐。

我曾到泰國體驗椰糖製作過程。

①先聞出略帶花蜜氣息的才是好的椰棕糖。
②看它的顏色，色澤金黃的才是經過熬煮濃縮的純正椰棕糖，如果色偏白，有可能摻入其它不明的糖分。
③嚐它的口感及甜感，椰棕糖的口感是細緻綿密不崩硬、而且不會膩甜。

示範料理：青芒果蘸醬 P.123

示範料理：青芒果蘸醬 P.123

鹹　　泰國菜的鹹味來源除了鹽、醬油之外，還有大家熟知的
魚露和蝦膏。

魚露

魚露是「鹽＋小魚」的汁液，在泰菜裡的運用，類似台灣
人使用醬油那樣的普遍（但不能替代醬油，兩者的風味完
全不同），曼谷右下方的羅永府（Rayong）是生產魚露的
群聚廠域，因羅永府海岸線綿延約 100 公里，大量的漁獲
促成地方的特色產業。

魚露（泰文：น้ำ-ปลา／譯音：nam-pla）น้ำ是水，ปลา是魚，
字意就是「魚水」。台灣的進口商把它標示為「魚露」。
泰國有一家華裔廠商所生產的魚水則標示為「味露」。魚
露發源地是中國的東南方沿海，隨著華人移民進入泰國，
在泰國研發創業成為泰國菜不可或缺的調味料。根據泰國
的 TangSangHah（唐雙合）公司網頁顯示，以鳳尾魚漬鹽
產出魚露是在 1919 年，由該集團的創辦人在泰國首創研發
上市。

製作魚露的方法是以特定比例的鹽巴覆蓋滿魚體，然後封
蓋並曝曬，約需 12 個月到 2 年的時間始能發酵完成。根據
廠家的宣傳，原料都是以鯷魚為主。完整發酵的魚露含有
豐富的天然麩胺酸，也就是鮮味的來源，不應該有腥味，
但你或許也有買到過摻添加物的魚露，比如味精或色素，
那表示該產品的源頭有摻雜其他雜魚，使得所製作出來的
魚露可能顯露出腥味，或蛋白質成分不夠而失去醇香的氣
味，更不好的是為了充量而加水，加了水就必須加甜味劑
及防腐劑了，台灣的食安法規是添加物都必須要展開標示，
也就是說任何成分都要一一標示清楚，即便是泰國進口的
魚露也要受到規範，所以，在購買前檢視產品的標籤也可
判斷魚露純不純。

示範料理：炒米香蘸醬 P.115

魚露跟醬油有相似的製程，食用方法也略同，可作為料理
的調味外，還能當成蘸醬生食。泰國的街頭美食攤桌上除
了擺放辣椒、醋水及白砂糖，也會置放一瓶魚露供食客自
行調味，廠牌不同的魚露鹹度及蛋白質含量也不同，在學
泰國菜時不要太在意加 1 大匙或者是 2 大匙，因為品牌不
同，鮮鹹感受度就不同，必須先小嚐一口再自行斟酌份量。
一般來講，魚露不需冷藏，室溫存放即可。

蝦膏

蝦膏與蝦醬是不同的產品，蝦膏是原物料，氣味腥臭，需經熱溶才能使用。蝦醬則是精製過的加工品。蝦膏的成分只有海鹽和磷蝦，以海鹽鹽漬磷蝦，經過發酵，磨成黏稠的膏狀便是蝦膏了，是泰國菜的另一個重要鹹味來源。

製作蝦膏的磷蝦是一種體積極其細小的海中甲殼類動物（就是蝦），在發酵過程中，蝦肉的蛋白質會分解成胺基酸，是天然的鮮甜來源。雖然在尚未加熱烹煮之前的味道會被以「腥味」稱之，但經過加熱加入副料後即會轉換成鮮香的氣味，泰國的家庭主婦對於將蝦膏加熱成蝦醬後使用的程序非常熟悉，所以泰國市面上不必要有蝦醬也沒有蝦醬的販售。泰國傳統市場裡的蝦膏是論斤秤兩販賣的，出口販賣的蝦膏則是以 200g ～ 400g 包裝在塑膠盒裡，有的廠家會在塑膠盒裡多放一層蠟片以隔絕腥味飄出。

> **TIPS 蝦膏使用前處理**
> 泰國家庭會以香蕉葉包裹著蝦膏，在火爐上烤到軟化且香氣溢出，即可按烹飪方式使用（香蕉葉功成身退即可丟棄）。或在鍋內放上沙拉油，以極小火煎蝦膏，直到蝦膏軟化、香氣散發出來。也可以可以用鋁箔紙代替香蕉葉，放入烤箱烘烤，溫度和時間視份量隨時調整。

示範料理：蝦醬炒飯 P.208

醬油

亞洲料理少不了醬油調味，有時是爲增色澤，有時是取其香氣，尤其醬油一般都是以大豆爲主要原料，所釀造產出具植物性的蛋白質除了滷肉以外，熱炒時的鑊氣靠的就是醬油。

泰國的發酵調味料幾乎都是華人潮裔所經營，幾個很早就被台灣引進、最具代表的知名品牌之一是「金山醬油」。泰國大街小巷的各式熱炒幾乎都使用蛋白質含量 16％的金山醬油，有時還會加一點黑抽增色。

範料理：泰式炒粿條 P.184

蠔油

蠔油能帶出食物的鮮味,是粵菜的傳統鮮味調味品。在泰國的潮裔亦發展出全國性的蠔油品牌,許多泰皮華骨的泰菜亦需以蠔油入味。

示範料理:滷烤豬粉腸 P.164

豆豉餅

豆豉餅是一種調味料,可以說它是天然的味素。泰北菜系裡有幾個菜潛藏著的鮮甜味源就是豆豉餅,也可以說是黃豆發酵而成的,豆豉餅在泰中、泰南的料理運用較少見,在泰北地區則是很普遍的調味料。

示範料理:湯米干 P.132

豆醬

從音譯自泰語的發音即知這種黃豆發酵而成的豆醬,源自中國潮汕移民,豆醬在泰國有兩大類型,一是接近液態型的濃稠狀,另一是粒粒分明的顆粒狀。

這豆醬的味道跟台灣客家莊所做出來的豆醬味道很像,在泰國常使用在潮味泰菜的熱炒調味,例如泰國的炒空心菜的鹹味,除了魚露以外,加的就是這一味豆醬。

示範料理:豆醬炒空心菜 P.204

苦　泰菜五味很特別的是苦味，是來自新鮮植物的原味，料理上是用來增加味道的層次，有些會先燙過熱水一遍用以降低一點苦味再食用。

臭豆

有非常濃烈的氣味，也難怪會被直接以「臭」冠名。臭豆又臭又苦，料理之前將豆仁剝開成兩瓣，燙過熱水一遍可以降低一點苦味。臭豆是泰國南部的物產，因此最常見的料理方式是炒蝦仁。

示範料理：蝦仁炒臭豆 P.224

珠茄（苦茄）

是一種茄科的漿果，生長在熱帶地區，皮厚味苦，中文便有苦茄之稱，滇緬來台的雲南人則呼之為苦子，這種苦茄常隨著鳥類啄食後的排糞傳播而到處生長。泰國人喜歡將苦茄配著蝦醬生食，在泰北則會與各種濕性香料搗成漿泥狀，搭配糯米及綠咖哩雞食用。

示範料理：辣蝦醬佐鮮魚時蔬拼盤 P.116

大花田菁

一種多年生常綠小喬木的花朵，非常容易種植
生長，花朵有紅、白兩種顏色。在東南亞國家
普遍當蔬菜食用，煮湯或炒食，也常汆燙後沾
醬食用，口感上清香微苦，食用時黃色的花心
需先摘除，食用的概念就如同金針花。

此樹在台灣常被用作造景樹或行道樹種植，在
泰國是經濟計畫的種植，花朵在百貨超市或傳
統市場都有常態性的販賣。

示範料理：素咖哩炒豆干 P.109

辣 泰菜的辣味來源幾乎都來自於辣椒，還有的就是黑胡椒、
白胡椒、南薑，有時會有新鮮的綠胡椒粒加入。

辣椒

泰國的辣椒品種非常多，每種辣椒的香氣、辣
度及滋味各有不同，我其實不太能吃辣，對於
辣椒的品種便疏於瞭解。但我遵守最起碼的交
互使用秘訣，就是混用青紅辣椒，及乾濕辣椒
一起用，使辣味能產生不同的香氣。

示範料理：烤辣椒膏 P.121

①生食的辣椒蘸醬通常是熟紅的辣椒與尚未熟紅的青辣椒一起切片，泡魚露或米醋。

②做各種調味醬的辣椒，會以長型的大辣椒乾與新鮮的小型辣椒合併使用，小型的辣椒大概就是台灣的朝天椒吧，大辣椒乾即台灣在炒宮保雞丁那種。做醬的大辣椒乾必須以炒鍋炒到微黑且脆脆的感覺才能使其香氣盡出。

③有一種非常小的辣椒「พริกขี้หนู」（譯音：prik-kee-nu），透著很足的香氣常被拿來搗青木瓜時使用，泰國話稱它做「鼠屎椒」，我猜泰國人也不見得都懂辣椒的品種，便以狀似鼠屎而呼之，台灣叫做雞心椒，也是因型似而名之。

④還有一種特殊品種稱做「克倫椒」（泰文：พริกกระเหรี่ยง），含水分低，香氣很足，是泰國辣椒市場的寵兒。泰國食品同業眼帶神秘的跟我說「克倫椒」是他們的秘密配方。這種椒是泰緬邊境「克倫族」人的重要經濟來源之一，因香氣足，價格比一般的辣椒高，曬乾的價錢也很高，四國九族在一村的美濃「雲南村」就有克倫族人，有少量的種植，我的香草園也種了一些。

南薑

南薑是泰式料理中香氣的要角，也是辣味的來源之一，做各式口味的咖哩醬和湯品都少不了南薑，香氣與辣味正是它的特性。

示範料理：船麵 P.198

特殊食材這樣用

　　泰式料理中有些是一般人不好理解的菜式，跟當地物產與飲食習慣有很大關係，比方未煮熟時會有臭味的差甕，木棉花芯採來食用，青果削皮煮食的菠蘿蜜，芭蕉花入菜等等，沒吃過真的很難想像，如果有機會吃吃，其實是不錯的味蕾體驗。

差甕（臭菜）

泰語發音「差翁」，好像有個「臭」的諧音，台灣中文直呼它為臭菜。美濃雲南村的居民卻以其似有瓦斯味而呼之以別名「瓦斯菜」，未煮熟時臭味的確不好聞，但煮熟後轉香，可食用的部位是嫩莖葉。

煮湯、熱炒，煎蛋都很受歡迎，清香味美。臭菜栽培容易，插枝即活，台灣南部的雲南村都有栽種，夏秋是產期，只取頂部嫩芽食用，在泰國是經濟作物。

示範料理：雞蛋差翁煎蛋 P.233

木棉花芯

木棉樹是高大的喬木，所開的橘色花朵極美，30 幾年前獲選為高雄市的市花，在高雄美術館園區、南部高速公路兩旁都有非常多的種植。木棉花的花芯是食材，泰國清邁有一道料理「卡濃金－南鳥」，就是以木棉花芯作為食材，將木棉花去掉花瓣，花芯曬乾即成。也有曬乾的木棉花芯和黃豆發酵製成的調味料，在泰北的市場普遍販售。

示範料理：卡農金南鳥 P.174

菠蘿蜜

波羅蜜原產於印度，東南亞。樹高可達 20 公尺以上。台灣人只食用成熟的果肉，但中南亞地區常以青果削皮煮食，口感軟 Q。

示範料理：菠蘿蜜咖哩 P.172

蛋茄

มะเขือ 是茄的意思。外型似雞蛋的蛋茄，水分不多，呈現出不軟爛且微脆的口感，常切成薄片涼拌，也最常用來煮綠咖哩雞，或蘸著蝦醬生食，口味微苦。

示範料理：辣蝦醬佐鮮魚時蔬拼盤 P.116

珠茄（苦茄）

「มะเขือ-พวง」與蛋茄的發音多了一個「พวง」字，「พวง」是類似「串」的意思，掛在樹上時是一串一串的長，外型似圓珠，常被稱為珠茄。是沾食時蔬的蝦醬必配的要角，也是煮泰式綠咖哩時不可缺的配料。

示範料理：時蔬辣蝦醬 P.114

椰子

從椰子刨下來的肉最常運用在甜食，有時稍微蒸軟直接與甜點合食，有時烘乾入菜或者當零食，但使用最多的是榨椰漿。

椰漿（coconutcream）和椰奶（coconutmilk）的差異，在於含脂量的不同，若是用於甜湯類，就用椰奶煮開調甜即可，若是要用於烹煮泰式咖哩，就必得使用含脂肪高的椰漿，用小火把椰漿炒到滾開，滾開的椰漿會浮出滾動的油珠，便是椰油。再以椰油炒香咖哩醬，是烹煮泰式咖哩的標準流程。

示範料理：蝶豆花椰子水 P.260

新鮮椰肉

示範料理：香燻甜椰漿 P.234

乾燥椰肉絲

示範料理：椰絲糯米圓 P.256

椰漿

卡農金

卡農金是一種米製品，一種經過發酵的米線。Khanom-chin 的 Khanom 泛指輕食，chin 則是指中國。意味著這細細的米線不是泰國的原創。卡農金常被運用在與綠咖哩雞合食，在北部地區也是一道名菜「卡農金－南烏」的必配料理。

示範料理：卡農金南烏 P.174

芭蕉

芭蕉除了當水果吃，在泰國也常搭配甜品入菜，除了果肉外，香蕉花也是廣泛被使用的食材，在泰國的百貨超市都普遍買得到，傳統市場就更多了。一般吃的是芭蕉花，不是台灣的香蕉花，台灣的香蕉花在口感上比芭蕉花更苦澀。洗切芭蕉花的過程中，需快速浸泡在檸檬水，以防止氧化變黑。

芭蕉葉經加熱之後會透出微妙的香氣，因此泰國很多不同種類的甜食都會以蕉葉包覆。包覆甜食的蕉葉有時用烤的，有時用蒸的，香氣各異其趣。

芭蕉花

示範料理：芭蕉糯米包 P.242

蝶豆花

蝶豆花主要用於食物的染色，藍色的色素遇酸會因褪色而變紫色，蝶豆花用於食物染在東南亞國家已年久不可考，台灣早期未識此物用途，僅以圍籬觀賞使用之。

蝶豆花外觀猶如展翅蝴蝶，又屬豆科，因而得名蝶豆花。作爲食物的染色用途之外，也做成冰飲，在泰國則會以新鮮的蝶豆花沾蝦醬食用，或將其裹麵糊油炸，是一種普遍的花食概念，在品種上有單瓣、複瓣、還有白色的蝶豆花。

示範料理：雙色小湯圓 P.252

蘿蔔乾

跟台灣的醃漬蘿蔔味道雷同，從音譯自泰語發音即知這菜脯的製法是來自中國潮汕移民，泰式炒粿條裡的配菜少不了這一味。

示範料理：泰式炒粿條 P.184

蓮花梗

蓮花的莖梗有許多孔洞，常與蝦類或肉絲同炒，食用方法雷同於芋頭的梗，先撕去表面的薄皮就可以直接入菜了。

示範料理：酸咖哩蝦湯 P.232

好用的泰國器具

石杵臼

泰國廚房中常見的基本器具，多用來搗碎各種辛香料，是製作醬料或研磨香料粉的必備器具，也能用食物調理機取代。

木杵臼

製作涼拌菜的常用道具，以木杵將食材輕搗拌勻混合用。

蒸鍋&竹蒸簍

泰國傳統蒸米用具，在蒸鍋中倒入水煮滾，上方竹蒸簍擺入糯米，蓋上蓋子蒸煮即可。

菜梗刨絲器

用在空心菜梗的便利小道具，可迅速將菜梗切細，增添口感細緻度。

泰式料理不乏各式咖哩、沾醬、涼拌，所以把食材磨碎或切絲的器具成為必備。在此介紹我常用的幾種好用器具，可以省去時間與力氣，做出更道地的美味泰料理。

刨絲刀

若沒有泰國人的那種刀削青木瓜的神功，可運用這刨刀刨出青木瓜絲，是製作涼拌料青木瓜的便利小道具。

露瓊成型器

用於製作泰式米苔目－露瓊，將粉漿倒入鋼杯，就能壓出一顆顆的露瓊。

椰肉刨絲器

剖開椰子，可刨出椰肉絲使用。

椰肉刨蓉器

剖開椰子，可刨出椰肉蓉使用。

雅俗都這樣蒸糯米！

飯店這樣蒸糯米。

路邊攤這樣蒸糯米。

　　泰國餐桌必備的「ข้าวเหนียวนึ่ง」蒸糯米飯，在泰國大部分餐廳都會提供兩種米飯供食客選擇，即黏米和糯米任選，泰北地區尤其嗜食糯米。十數年前透過口譯方式曾閱覽過一本泰國食譜，據說泰北居民出門做工或上山狩獵時，飯包裡裝的就是糯米飯，因為出門山高水遠的一天才得回，糯米飯比較乾爽，較不易酸壞，泰北地區因此與糯米掛上不分的文化。

　　整個泰國街頭都是以此竹片編成的蒸籠蒸糯米，我住宿在五星的清邁四季度假村時，自助取餐的吧檯上也是用這種蒸籠現場蒸飯供應。竹製蒸籠傳承了米食文化的傳統與便利。

　　泰國人喜歡以糯米沾附各種湯汁食用，吃糯米的方法：蒸熟的糯米不太會黏手，抓一小團糯米利用大拇指、食指與中指三指齊下，先將糯米飯擠壓塑成小圓球，再將糯米球在三指中轉著、擠壓著，壓得更紮實，此時的糯米球表面會因擠壓而稍微糊化，而裡面米粒仍然還是顆粒狀有空隙，可以在沾食的時候吸附湯汁，而糯米球經過擠壓之後的口感也變得更 Q（類似麻糬）。

蒸糯米的方法

材料 糯米、香蘭葉　　**器具** 蒸鍋、竹蒸簍

作法

1　糯米洗淨，泡水 2～4 小時，瀝乾備用。

2　下層蒸鍋裝水，放入 2 片香蘭葉，架上竹蒸簍；擺入糯米並放入 2 片香蘭葉增加香氣，蓋上蓋子。

3　開大火煮滾，蒸約 20 分鐘即可。

※ 糯米飯的軟硬度會因蒸煮時間和下層蒸鍋的水量決定，可依個人喜好調整時間和水量。

［泰式咖哩的探索］

「咖哩」廣義的說，是一種匯集了多種香料混合而成的調味料。故而很多國家都因其國土特產，調出屬於自己喜歡的咖哩調味料。當然啦，國別不同，調味料就有不同語言的名稱，比如說：馬來西亞最有名的「咖哩叻沙」（馬來語：Curry Laksa），還有，印度的「馬沙拉」（Masala），泰國則是把這種很多香料混合之後的調味料以「แกง」（譯音：Gaeng）做為咖哩的統稱。

泰文中「แกง」這個字的意思是泛指「從上面淋下來的湯水」，這也就意味著泰國的咖哩是湯湯水水的，不像台灣較常吃到的日式咖哩塊煮出來的那樣濃稠如勾芡般的羹湯感。而各種「咖哩」的名稱，則會把主要調味料放在「Gaeng」的後面，意指湯湯水水的調味。比如「紅咖哩」的泰文是「แกง－เผ็ด」（譯音：Gaeng Phed），「เผ็ด」（譯音：Phed）是「辣」的意思，亦泛指為「紅」：「馬沙曼咖哩」叫做「แกง-มัสมั่น」（譯音：Gaeng Massaman）及「酸咖哩」（泰文：แกง-เปรี้ยว）。

　　泰國咖哩配方中運用了大量的濕式香料，所謂「濕式香料」是指水分含量很高的香草植物，例如：南薑、香茅、檸檬葉及香菜等等，這些香草植物都很容易種植，因此，泰國的許多家庭前庭後院都會栽種，隨手採摘、搗碎，就成了每個家庭專屬的媽媽味了。

　　既然是「專屬的媽媽味」，就象徵著每個家庭調出來的咖哩口味不會一致，但總括來講，會有相似的氣味，這種「相似的氣味」歸於一種「飲食文化」裡對於食材應用「約定成俗」的結果。

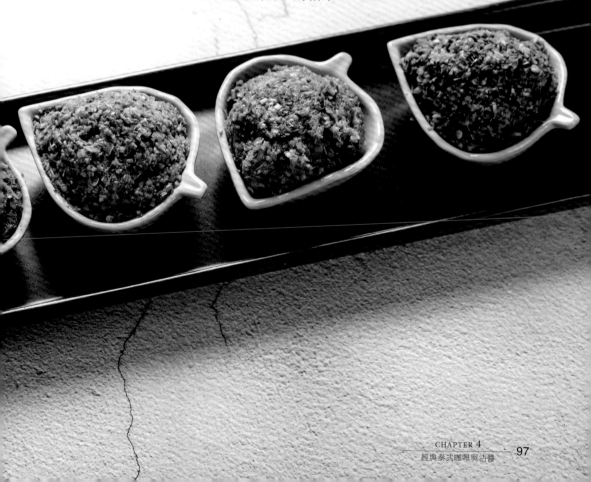

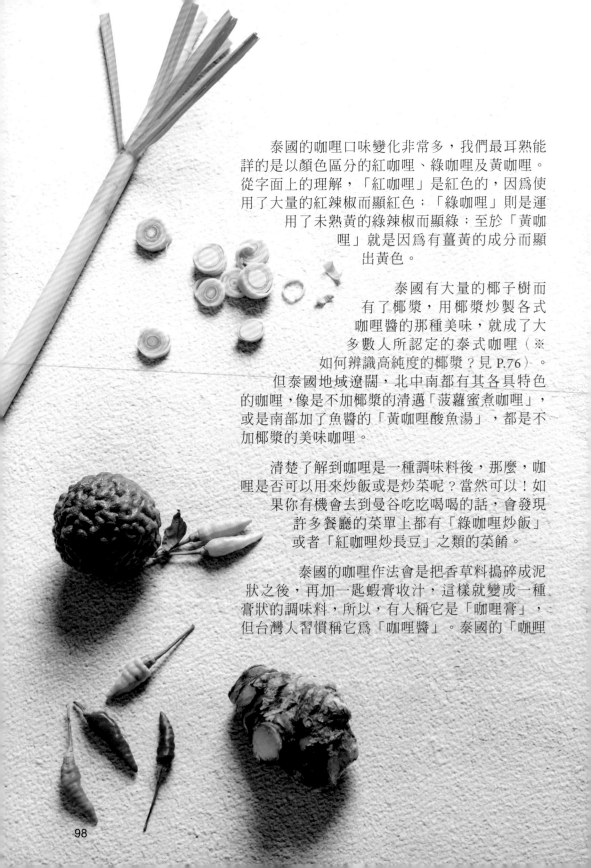

泰國的咖哩口味變化非常多，我們最耳熟能詳的是以顏色區分的紅咖哩、綠咖哩及黃咖哩。從字面上的理解，「紅咖哩」是紅色的，因為使用了大量的紅辣椒而顯紅色；「綠咖哩」則是運用了未熟黃的綠辣椒而顯綠；至於「黃咖哩」就是因為有薑黃的成分而顯出黃色。

泰國有大量的椰子樹而有了椰漿，用椰漿炒製各式咖哩醬的那種美味，就成了大多數人所認定的泰式咖哩（※如何辨識高純度的椰漿？見 P.76）。但泰國地域遼闊，北中南都有其各具特色的咖哩，像是不加椰漿的清邁「菠蘿蜜煮咖哩」，或是南部加了魚醬的「黃咖哩酸魚湯」，都是不加椰漿的美味咖哩。

清楚了解到咖哩是一種調味料後，那麼，咖哩是否可以用來炒飯或是炒菜呢？當然可以！如果你有機會去到曼谷吃吃喝喝的話，會發現許多餐廳的菜單上都有「綠咖哩炒飯」或者「紅咖哩炒長豆」之類的菜餚。

泰國的咖哩作法會是把香草料搗碎成泥狀之後，再加一匙蝦膏收汁，這樣就變成一種膏狀的調味料，所以，有人稱它是「咖哩膏」，但台灣人習慣稱它為「咖哩醬」。泰國的「咖哩

醬」是以濕式香料為基底的基本元素，也就是南薑、香茅、檸檬葉、蒜頭、蔥頭及香菜根，然後再依喜好外加其它乾式香料。

有了正確的泰式咖哩概念，接下來就是要了解各種咖哩醬成分，學習自己調配屬於你喜歡的咖哩醬。本章節會介紹六大泰式咖哩醬作法，你在跟著做的時候，可以視個人喜好微調材料，也可以調整配方的比例，接下來就可以開始烹煮菜餚、上桌開吃囉！

當然你也可以購買「泰泰風咖哩醬」，這是我的自創品牌，我做的咖哩醬是一種 All In One 的方便醬，為了解決消費者對泰國香草的尋覓不易，以及備料的屯積，所以我將椰糖、魚露以及部分椰漿都已置入醬料中，甚至是煮綠咖哩雞時，最後起鍋前需要撒上一把九層塔的那一把九層塔，我也一併都煮進我做的綠咖哩醬了，所以使用我做的綠咖哩醬時，你只需要自備一罐好的椰漿，即可完美呈現泰式綠咖哩！

TIPS

蘿拉老師的咖哩懶人包

STEP 1 自己動手做咖哩醬，或購買現成的咖哩醬。

STEP 2 用椰漿（亦可省略）烹調泰式風味風味咖哩。

STEP 3 添加食材，例如：肉類或魚類，蔬菜也可以，再用椰糖和魚露調味即可。

紅咖哩醬
Curry

泰國的咖哩醬成份由乾性的香料與濕性香料結合而成，各家廠商或家庭的媽媽搗做出來的醬在氣味上都會有些微的差異，差異是在於成份比例的加減。但氣味上的傳承是有它約定成俗的範圍的，比如紅咖哩醬「แกงเผ็ด」是有紅色的辣椒而顯紅，其中該用辣椒乾就不能以新鮮的辣椒代替，香氣不同。

TIPS
作法 1 將香料先炒過才會香，其中小茴香因為體積小，最後再下鍋比較不會炒焦。

材料

乾式香料		濕式香料		調味料	
黑胡椒粒	5～10g	紅蔥頭	15 瓣	鹽	1 小匙
芫荽籽	1 大匙	蒜頭	10 瓣	蝦膏	1 小匙
辣椒乾	10 條	南薑	1 大匙－切小塊		
小茴香	1 小匙	檸檬香茅	2 支－切薄片		
		卡菲爾萊姆皮	1 小匙－切細絲		
		香菜根	3 株－切小段		

作法

1 黑胡椒粒＋芫荽籽＋辣椒乾，放入乾鍋，以小火略炒，再加入小茴香，炒到飄出香味後撈起，以石臼或食物調理機打成粉末，備用。

2 紅蔥頭＋蒜頭，放入乾鍋，以小火炒到接近透明狀後撈起，備用。

3 將作法 2 炒好的紅蔥頭、蒜頭和其餘濕性香料及鹽一起放入石臼，搗碎成泥狀，加入作法 1 搗成粉末的乾式香料和蝦膏，一起搗均勻成膏狀，即為紅咖哩醬。

綠咖哩醬

Curry

綠咖哩醬「แกงเขียวหวาน」，用了大量的綠色濕性香料而顯出綠色而名之綠咖哩，其中綠色的辣椒是尚未轉紅的辣椒，並不是咱台灣把它當蔬菜炒肉絲那種皺皺的不辣的俗稱一條龍的椒種，也不是那種很大條的塞肉末烹煮的那種角椒，常有人問我是綠咖哩比較辣還是紅咖哩比較辣，這很難回答，各家的成分比例都不同，只能試。

材料

乾式香料		
黑胡椒	1g	
芫荽籽	5g	
小茴香	2g	

濕式香料		
蒜頭	40g	
青色大辣椒	80g	－切小段
小青辣椒	8g	－切小段
青蔥	8g	－切小段
南薑	6g	－切小塊
檸檬香茅	40g	－切薄片
香菜根	3 株	－切小段
卡菲爾萊姆皮	1g	－切細絲

調味料	
鹽	30g
蝦膏	8g

作法

1 黑胡椒粒＋芫荽籽，放入乾鍋，以小火略炒，再加入小茴香，炒到飄出香味後撈起，以石臼或食物調理機打成粉末，備用。

2 蒜頭放入乾鍋，以小火炒到接近透明狀後撈起，備用。

3 將作法 2 炒好的蒜頭和其餘濕性香料及鹽一起放入石臼，搗碎成泥狀，加入作法 1 搗成粉末的乾式香料和蝦膏，一起搗均勻成膏狀，即為綠咖哩醬。

Curry
〔 黃咖哩醬 〕

　　黃咖哩醬「น้ำพริกแกงเหลือง」，黃色的薑黃是黃咖哩醬的成份之一，薑黃和黃薑是同一種植物香料，只是在名稱上被不同的口語化的差異混淆了。在使用上是新鮮的薑黃勝於乾燥的薑黃粉。

材料

乾式香料	大紅辣椒乾……10 條
	芫荽籽……………1 大匙
	小茴香……………1 小匙

濕式香料	紅蔥頭………………10 瓣
	蒜頭…………………5 瓣
	檸檬香茅……………2 支－切薄片
	薑黃…………………1 大匙－切小塊
	卡菲爾萊姆皮………1 小匙－切細絲

| 調味料 | 鹽……………1 小匙 |
| | 蝦膏…………1 小匙 |

作法

1　大紅辣椒乾＋芫荽籽，放入乾鍋，以小火略炒，再加入小茴香，炒到飄出香味後撈起，以石臼或食物調理機打成粉末，備用。

2　紅蔥頭＋蒜頭，放入乾鍋，以小火炒到接近透明狀後撈起，備用。

3　將作法 2 炒好的紅蔥頭、蒜頭和其餘濕性香料及鹽一起放入石臼，搗碎成泥狀，加入作法 1 搗成粉末的乾式香料和蝦膏，一起搗均勻成膏狀，即為黃咖哩醬。

馬沙曼咖哩醬
^{Curry}

　　馬沙曼咖哩醬「แกงมัสมั่น」，成分有大量乾性香料，泰國並不是乾性香料的產地，馬沙曼咖哩的大量乾性香料源自南部的穆斯林，料理的滲透過程演進到「穆斯林的咖哩」的外來語變成「馬沙曼咖哩」。

　　2011 年的 CNN 全球票選 50TOP 美食的第一名就是馬沙曼咖哩。造成慕名去泰國朝聖做美食觀光的熱潮。

材料

乾式香料	大紅辣椒乾	3 條
	芫荽籽	15g
	白胡椒粉	12g
	肉豆蔻	5g
	肉桂	4.5g
	丁香	4.5g
	孜然	5g

濕式香料	紅蔥頭	300g
	蒜頭	80g
	檸檬香茅	100g －切薄片
	南薑	25g －切小塊
	香菜根	18g －切小段
	卡菲爾萊姆皮	2 小匙－切細絲

| 調味料 | 鹽 | 30g |
| | 蝦膏 | 8g |

作法

1 將所有乾式香料放入乾鍋，以小火炒到飄出香味後撈起，以石臼或食物調理機打成粉末，備用。

2 紅蔥頭＋蒜頭，放入乾鍋，以小火炒到接近透明狀後撈起，備用。

3 將作法 2 炒好的紅蔥頭、蒜頭和其餘濕性香料及鹽一起放入石臼，搗碎成泥狀，加入作法 1 搗成粉末的乾式香料和蝦膏，一起搗均勻成膏狀，即為馬沙曼咖哩醬。

Curry

［ 酸咖哩醬 ］

　　酸咖哩醬「แกงส้ม」，本身並不帶酸，煮酸咖哩魚或酸咖哩蝦的時候
會加入大量的羅望子醬，此外，薑黃及手指薑的氣味煮酸咖哩也特別搭。

材 料

紅蔥頭	40g－拍碎
蒜頭	40g－拍碎
薑黃	1 大匙－切小塊
紅辣椒乾	3 條－切小段
手指薑	2 大匙－切小塊
蝦乾	1 大匙

調味料	鹽	1 小匙
	蝦膏	1 小匙

作 法

1　所有材料放入石臼，搗勻成泥狀。

2　加入鹽和蝦膏，一起搗勻成膏狀，
　　即為酸咖哩醬。

^{Curry}

叢林咖哩

叢林咖哩醬「แกงป่า」，其實就是＝基礎紅咖哩醬＋手指薑。我猜想也許是因為這款咖哩最具代表性的料理就是用野溪抓起的淡水魚所做出來的咖哩餐食，因而有了「叢林咖哩」的名稱吧。手指薑除了藥用價值外，與魚肉類特別對味，這款咖哩烹煮時不加椰漿，顯現出的氣味是草本植物的芳香，有時煮魚片，但配上魚漿製品，更顯風味。

材料		
乾式香料	黑胡椒粒	5～10g
	芫荽籽	1 大匙
	辣椒乾	10 條
	小茴香	1 小匙
濕式香料	紅蔥頭	15 瓣
	蒜頭	10 瓣
	手指薑	5 條－切小塊
	南薑	1 大匙－切小塊
	檸檬香茅	2 支－切薄片
	卡菲爾萊姆皮	1 小匙－切細絲
	香菜根	3 株－切小段
調味料	鹽	1 小匙
	蝦膏	1 小匙

作法

1 黑胡椒粒＋芫荽籽＋辣椒乾，放入乾鍋，以小火略炒，再加入小茴香，炒到飄出香味後撈起，以石臼或食物調理機打成粉末，備用。

2 紅蔥頭＋蒜頭，放入乾鍋，以小火炒到接近透明狀後撈起，備用。

3 將作法 2 炒好的紅蔥頭、蒜頭和其餘濕性香料及鹽一起放入石臼，搗碎成泥狀，加入作法 1 搗成粉末的乾式香料和蝦膏，一起搗均勻成膏狀，即為叢林咖哩醬。

蘿拉說泰菜

「有素的泰國菜嗎？」

「老師：可以教素的泰國菜嗎？」

這樣的問題在我教做泰國菜的十幾年來，無以計數一再的被詢問，我的回答是：「泰國菜很難做素菜，因為有魚露和蝦膏的成分，而且蔥頭、蒜頭都不能少。」

這樣說並不表示泰國沒有「素菜」，而是「素菜」在泰國有階段性的高產值。例如根據「泰國開泰研究中心」在2014年9月21日於九皇齋節期間對素菜消費的抽樣調查，曼谷及周邊府治素食店的消費資金將達20億泰銖。

什麼是九皇齋節？那是源自中國南方的一種宗教活動，隨著移民進入泰國之後，成為泰國華人的重大節日，九皇齋節在泰國是一種規模很大的宗教慶典活動，尤以曼谷的唐人區及普吉島府為甚，齋節是每年的農曆9月1日至9月9日，期間都吃素食，所舉辦的宗教儀式及各種形式的酬神慶典，人人都會參與，人人都吃素食，幾乎是華人區的全民運動。

華人移民在泰國的區域分佈極廣，源遠流長的齋節茹素也影響了全國，成為泰國一個重要的節日。每年齋節來臨，餐飲店家會推出自己調配的素菜餐食，然後在門口掛滿有一個「齋」字的黃色旗幟，沒推出素餐的店家則趁著齋節期間乾脆閉門停業休假去，齋節期間整個就是一片黃色旗海。我也趁機品嚐沒有魚露、蝦膏的泰國菜，說實在的，還真是不錯吃，但總覺得好似多了點人工調味。

既然素食在泰國有那麼高的階段性產值，況且泰國有那麼多的外來族裔，帶來飲食文化滯留的特色料理中又不見得都有蝦膏和魚露，要拿掉蝦膏和魚露變身素菜也不是那麼難，怎麼我還跟學員說「泰國菜很難做素菜」呢？

這溯源於泰國菜傳到台灣的初期，就那幾個固定的菜式被認識、被點餐食用，涼拌菜、酸辣蝦湯、打拋肉、蝦醬空心菜、蝦醬炒飯、紅咖哩、綠咖哩、檸檬魚、月亮蝦餅、椒麻雞，除此之外，似乎沒有了吧！說穿了每次點完這幾個菜之後，你就吃很飽了，況且口袋也差不多少好幾張鈔票了，而你所認識的這幾道泰國菜，若是少了魚露和蝦膏的味道，或許仍是一道別具風味的好吃料理，但它一定不是你所熟悉的、喜愛的泰式料理了。也就是說，把魚露和蝦膏拿掉的那種菜餚，會少了一種屬於東南亞特有的味道！而我無法把這幾個菜的蝦膏和魚露拿掉，仍能料理出你所認識的泰國菜風味。

除了九皇齋節期間之外，平常要在泰國找到供應素食的餐廳還真沒那麼容易呢！你一定覺得很奇怪，泰國不是佛教國家嗎？泰國不是有短期出家和尚的義務役嗎？是的，泰國是佛教大國，和尚也很多，但泰國的和尚沒在吃素食啊！

話說素食的區分大抵上是「慈悲不殺生」的素，以及養生需求為考量的「健康的素」。台灣的素食者絕大部份是以佛教為名吃不殺生的慈悲素，但究源 2500 多年前的佛教伊始，那位印度小國的悉達多太子，出家悟道成為釋迦牟尼佛之後，他托缽為生，所接收的食物來者不拒，並沒有所謂的不吃葷食。佛教傳到後來分裂為小乘佛教與大乘佛教，泰國奉行釋迦牟尼佛的小乘佛教，也就是對於施主所施予的食物一概悉數接收不挑食，所以，泰國的和尚不吃素。

曾有一對慈眉善眼的夫妻來找我，他們長期吃慈悲素，跟我表達想要擺個攤子賣麵食，問我能否教作「素的咖哩」？我回答他說素食非我的強項，但我願意先試試，若滿意再教做，我在想，蝦膏和魚露是動物性蛋白質的發酵品，那植物性蛋白質發酵的豆醬也有些許相似的氣味，後來，我拿掉蝦膏和魚露改以豆醬入味，所調出來的咖哩也不錯吃，那對夫妻也滿意，如願的擺了個小攤開賣素食咖哩湯麵。

素咖哩醬

材料			
乾式香料	大紅辣椒乾	10 條	
	芫荽籽	1 大匙	
	小茴香	1 小匙	
濕式香料	紅蔥頭	10 瓣	
	檸檬香茅	2 支—切薄片	
	薑黃	1 大匙—切小塊	
	卡菲爾萊姆皮	1 小匙—切細絲	

調味料		
鹽		1 大匙
豆醬		2 大匙

TIPS
炒香的素咖哩醬
加入素高湯即為
素咖哩湯底。

作法

1 大紅辣椒乾＋芫荽籽，放入乾鍋，以小火略炒，再加入小茴香，炒到飄出香味後撈起，以石臼或食物調理機打成粉末，備用。

2 紅蔥頭放入乾鍋，以小火炒到接近透明狀後撈起，備用。

3 將作法 2 炒好的紅蔥頭、其餘濕性香料及鹽一起放入石臼，搗碎成泥狀，加入作法 1 搗成粉末的乾式香料和豆醬，一起搗均勻成膏狀，即為素咖哩醬。

蘿拉說泰菜

素咖哩炒豆干

材料		
豆干	5 塊－切條	
大花田菁	20 朵－去芯	
食用油	2 大匙	

調味料		
素咖哩醬 P.107	1 大匙	
細砂糖	1 小匙	

作法

1　起油鍋，放入素咖哩醬炒香，加入豆干半煎半炒到表面金黃。

2　加入大花田菁炒到軟熟，以細砂糖調味即可。

TIPS
大花田菁的芯蕊微苦，烹煮前要摘除。

綠咖哩炒肉絲

想到咖哩可別只侷限於咖哩飯，其實作好的咖哩醬把它當作咖哩風味的調味醬來想，就可以隨心所欲的變化出各種料理，例如：咖哩炒蔬菜、咖哩炒蝦、咖哩湯、咖哩炒肉絲、咖哩炒飯等等。

材料

雞胸肉	1 副－切絲
長豆	1 小把－切斜片

調味料

綠咖哩醬 P.101	2 大匙
鹽	1/2 小匙
細砂糖	1 小匙

作法

1　起油鍋，放入綠咖哩醬炒香，加入雞肉絲拌炒至熟成，以鹽和糖調味即可。

［泰式沾醬反客為主］

「น้ำพริก」（譯音：Nam-Phrik／南批）是典型的泰式辣醬統稱，น้ำพริก 的 น้ำ 是水，พริก 是辣椒，น้ำพริก 就是指各式各樣的辣椒醬，在辣椒的後面加上不同的名稱就是不同的辣椒醬，類似台灣的蒜蓉辣椒醬或魚乾辣椒醬。

常用材料是新鮮辣椒或乾辣椒、大蒜、青蔥、檸檬汁以及魚醬或蝦膏。製作醬料的傳統方法是使用石臼和石杵將材料搗碎在一起，加入鹽或魚醬調味。

泰北蕃茄肉末醬

　　泰國真是醬醬國！有些雖名為醬，卻幾乎快凌駕主菜，反賓為主成主食了，這道泰北蕃茄肉末醬「น้ำพริกอ่อง」就是如此，通常這個醬會搭配許多蔬菜，加上糯米飯佐食。在泰國北部因鄰近傣族，多會加入豆豉餅調味，口味比中部更濃郁。

材料

豬絞肉	200g
辣椒乾	10 條－泡軟切小段
紅蔥頭	5 瓣
蒜頭	5 瓣
豆豉餅	1 大匙－烤香
小蕃茄	20 顆－切小塊
青蔥	1 支－切末
香菜	3 株－切末
蝦膏	1 大匙

調味料

檸檬汁 or 羅望子醬	1 大匙
椰糖 or 白砂糖	1/2 大匙
魚露	1 大匙
羅望子醬	1 大匙

作法

1　紅蔥頭＋蒜頭＋乾辣椒＋豆豉餅，放入石臼搗成醬，加入蝦膏搗勻，備用。

2　起油鍋，放入作法 1 再搗好的醬，炒香，加入豬絞肉炒到變色，再加入蕃茄塊，炒到軟熟。

3　以檸檬汁、椰糖、魚露及羅望子醬 調味，再加入蔥末和香菜末拌勻即可。

青辣椒醬

泰國北部知名的青辣椒醬「น้ำพริก-หนุ่ม」（譯音：Naam-Phrik-Noom），หนุ่ม 泛指「年輕」的意思，顧名思義就是使用未熟紅的青辣椒爲食材。泰國市場通常會將炸豬皮搭配罐裝青辣椒醬一起賣，是最經典又道地的吃法。青辣椒是用很大條、幾乎不辣的那種，與紅蔥頭和蒜頭先烤香，沒有了嗆味但保有天然植物香甜，與泰北蕃茄肉末醬堪稱清邁雙醬。

材料

不辣的青辣椒……10 條
紅蔥頭……10 瓣
蒜頭……10 瓣
魚露……1 大匙
鹽……1 小匙

作法

1 將青辣椒、紅蔥頭、蒜頭用爐火或炭火烤軟（以炒菜鍋乾鍋小火炒軟亦可），烤到外皮都焦黑，剝除外皮剝除，放入石臼搗到接近泥狀。

2 加入魚露和鹽搗勻調味即可。

Seafood

辣蝦醬佐鮮魚時蔬拼盤

　　泰式時蔬辣蝦醬非常百搭，除了搭配各種蔬菜沾食之外，魚肉或者糯米飯也很適合，在泰國餐廳裡也常常可以看到示範料理這種一套的出餐模式，盤中除了有季節時蔬，還會有一尾煎炸過的鮮魚，並附上一小簍糯米飯，捏著米飯搭配蔬菜與醬料食用。

材料

鮮魚	1 條
胡椒粉	1 小匙
鹽	1 小匙
蛋茄	適量
長豆	適量
玉米筍	適量
秋葵	適量
花椰菜	適量

調味料

時蔬辣蝦醬 P.114	適量

作法

1　鮮魚抹上胡椒粉和鹽；油鍋燒熱，放入裹上地瓜粉的鮮魚，以中火炸到酥熟，撈起盛盤。

2　長豆、玉米筍、秋葵、花椰菜汆燙至熟（蛋茄可生吃），瀝乾水分後盛盤。

3　依個人喜好搭配季節食蔬以及糯米飯，佐時蔬辣蝦醬食用即可。

燒雞醬

　　「น้ำจิ้ม-ไก่」台灣進口商把這道泰式甜辣醬翻成「燒雞醬」，其實不只能沾食雞肉，舉凡口感酥脆的食物都很適合酸酸甜甜的調味，例如：炸春捲等等。以下示範是基本款，在泰國眾多品牌中也有加了各種水果口味的燒雞醬，比如鳳梨，讀者可依喜好變化看看。

材料

新鮮大紅辣椒	20 條
蒜仁	10 瓣
香菜根	2 株
白砂糖	3 杯
鹽	1 小匙
白醋	1/4 杯
麥芽糖	2 大匙
飲用水	4 杯

作法

1　　所有材料放入食物調理機打勻可。

> **TIPS**
> 材料中的麥芽糖是為了濃稠度以利沾裹，一般食品工業產品則是會添加修飾澱粉帶入濃稠度。

海鮮蘸醬（青醬）

　　海鮮蘸醬「น้ำจิ้ม-ซีฟู้ด」的 ซีฟู้ด 是海鮮，很明顯這個蘸醬是爲海鮮而製作，沾食海鮮很搭。雖說任何食物只要對了自己的胃口就是好吃，但總是歷經飲食文化的洗鍊之後，而有了約定成俗的風味，這個海鮮蘸醬就是這樣成爲泰國的海鮮蘸醬代表。

材 料

青辣椒	10 條－剁碎
蒜仁	10 瓣－剁碎
香菜	1 把－切小段
魚露	1 大匙
檸檬汁	2 大匙
白砂糖	1 大匙
飲用水	適量

作 法

1　　所有材料混合均勻即可。

Seafood
［什錦海鮮盤］

材料

白蝦 ·············· 600g
軟絲 ·············· 1 隻
檸檬香茅 ······ 2 支－切段
海鮮蘸醬 P.119 ··· 1 碗

作法

起水鍋，放入檸檬香茅煮滾，將白蝦和軟絲分批下鍋燙煮到熟，撈起擺盤，搭配海鮮蘸醬食用即可。

TIPS

燙煮海鮮時，鍋中加入檸檬香茅用意在去除海鮮腥味，也會帶有香草的香氣。

烤辣椒膏

Chili

「น้ำ-พริก-เผา」（譯音：Nam-Phrik-Phao），เผา 泛指「火／烤」，亦即這個醬是使用油煎或油炸的辣椒醬。泰國境內在煮酸辣蝦湯時，起鍋前就會再加上一大匙這一味辣椒膏增添風味。

材料	
大辣椒乾	10 條
朝天辣椒乾	10 條
紅蔥頭	50g
蒜仁	50g
植物油	300g
白砂糖	2 大匙
魚露	1 大匙
羅望子醬	1～2 大匙
鹽	1 小匙

作法

1 大辣椒乾＋朝天辣椒乾，以乾鍋炒到表面微焦，撈起備用；紅蔥頭＋蒜仁，以乾鍋炒到呈透明狀，撈起備用。

2 將作法 1 所有材料放入石臼，搗碎備用。

3 起鍋，倒入植物油，放入作法 2 搗碎的材料炒到表面冒出小油泡，水分略收乾，加入白砂糖、魚露、羅望子醬以及鹽調味即可。

甜魚露水果蘸醬

　　甜魚露水果蘸醬「น้ำปลา-หวาน」，這是經典的水果蘸醬，尤其沾食青芒果簡直是絕配！「椰糖＋魚露＋蝦乾＋……」的組合醬與帶著酸味的水果還真是麻吉，超市賣場的青芒果攤旁一定會搭售這款醬，很多醬料廠也出產罐裝販賣，舉凡帶著酸味的水果都很適合，像是青的羅望子、青的棗子、青的蘋果及楊桃等都很適宜。

材料

紅辣椒⋯⋯⋯⋯⋯5 條－剁碎
青辣椒⋯⋯⋯⋯⋯5 條－剁碎
紅蔥頭⋯⋯⋯⋯⋯10 瓣－切薄片
蝦乾⋯⋯⋯⋯⋯⋯20 隻－剁碎
椰糖⋯⋯⋯⋯⋯⋯300g
魚露⋯⋯⋯⋯⋯⋯2 大匙
鹽⋯⋯⋯⋯⋯⋯⋯1/2 小匙

※ 蝦乾也能以 1 小匙蝦膏取代。

作法

1 椰糖＋魚露，以小火煮到接近黏稠狀。

2 加入紅、青辣椒、紅蔥頭及蝦乾，拌煮均勻，加入鹽調味即可。

[Fruit 青芒果蘸醬]

　　「椰糖＋魚露＋蝦乾＋……」的組合醬與帶著酸味的水果還真的是麻吉絕配，超市賣場的青芒果攤位旁一定搭賣這種醬，很多醬料廠也出產成罐裝的產品販賣，罐裝產品攜帶方便，也就增廣使用範圍了，舉凡帶著酸味的水果都很適合，像是青的羅望子、青的棗子、青的蘋果及楊桃等都很適宜。水果沾食醬料在台灣的南部也自成十分普遍的南部文化，一種由「醬油膏＋糖粉＋薑汁＋甘草粉」的蘸醬幾乎是切盤蕃茄的基本組合了。

材料

青芒果⋯⋯⋯⋯⋯⋯⋯⋯1顆
甜魚露水果蘸醬 P.122⋯⋯1碗

作法

1　青芒果去皮、去核，切片擺盤，搭配甜魚露水果蘸醬食用即可。

酸辣蝦醬

Chili

在我的香草園裡現挖出濕性香料做了個拌麵醬。這個拌麵醬的調味源自「ต้มยำกุ้ง」（東央共）就是泰國的國湯「酸辣蝦湯」。

酸辣蝦湯在泰國有 2 派煮法，除了基本的湯底之外，起鍋前的辣味有人加入新鮮的辣椒，另一派煮法會加入一大匙的辣椒醬，泰國的辣椒醬種類成分多到不勝枚舉，但要煮酸辣蝦湯的辣椒醬就必須是這款內含【南薑＋香茅＋芫荽根及檸檬葉＋紅蔥頭＋辣椒乾】的辣椒醬。

泰國的酸辣醬的酸是添加那種白色粉末的人造檸檬酸，我做的這款醬可以煮酸辣蝦湯也可以直接拌麵，酸的來源是使用羅望子醬。

材料

南薑	2 大匙－切小塊
檸檬香茅嫩莖	2 支－切薄片
芫荽根	2 株－切小段
卡菲爾萊姆葉	10 片－切細絲
紅蔥頭	10 顆
乾辣椒	20 條－切小段
羅望子醬	5 大匙
食用油	500ml

作法

1 紅蔥頭以乾鍋小火炒到接近透明狀後撈起，放入石臼，加入南薑、檸檬香茅、芫荽根、卡菲爾萊姆葉及乾辣椒，搗勻成泥狀。

2 起油鍋，放入作法 1 的材料炒香，分次加入剩餘的食用油，將所有材料炒熟即可。

醬料運用

Sauce

酸辣拌麵

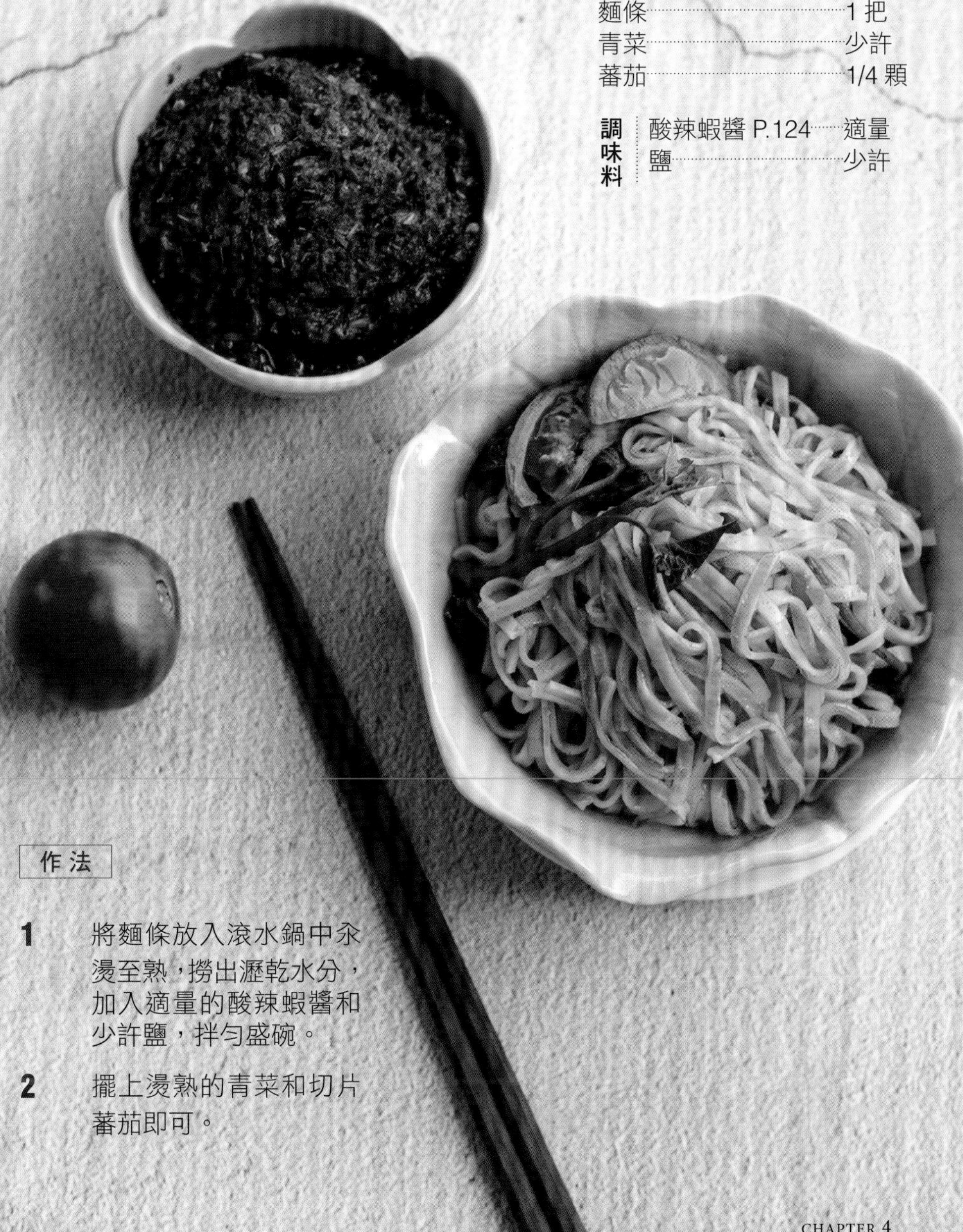

材料

麵條……1 把
青菜……少許
蕃茄……1/4 顆

調味料

酸辣蝦醬 P.124……適量
鹽……少許

作法

1 將麵條放入滾水鍋中汆燙至熟，撈出瀝乾水分，加入適量的酸辣蝦醬和少許鹽，拌勻盛碗。

2 擺上燙熟的青菜和切片蕃茄即可。

三大鄰國造就獨特泰北飲食印象

清邁有很多號稱蘭娜風情的建築，最有名氣的是東方文華酒店（現已更名 TheDharaDhevi 清邁黛拉塔維度假酒店），我在造訪清邁時，因為想要體驗蘭納風情而下榻在黛拉塔維度假酒店，躺在酒店的床鋪望向天花板時，驚見那類似藻井的裝修竟是中國風的圖騰。

蘭娜王朝已是 700 多年前，酒店既標榜蘭納建築，那無論是起始的建造或是後來的裝修，應是依循古建築而為，若依此類推成立，那 700 多年前的蘭娜建築確實曾經是中國風。從歷史看，緬甸的景棟城、寮國瑯勃拉邦城、中國景洪城（西雙版納州），都曾是蘭納王朝時的屬城，雖然國土疆域界線在打打殺殺之下數度風雲變色，但總會有滯留下來的文化去印證政治影響文化的形成。

在飲食方面，雲南傣族和泰國的泰族還仍保持許多相同點。例如：糯米、烤雞、肉類生食、發酵的酸肉、河鮮魚醬或螃蟹醬及蟲餐等。只是相同的食材，常有不同的吃法，例如清邁以致到中部曼谷的那條魚腹裡塞滿香茅的鹽烤魚，它就是源於清邁更是源自西雙版納的「香料包魚」。這條魚在泰北是用烤的，炭火爐上輪番翻面烤到外皮焦香而裡面魚肉軟嫩。（來到台灣變成用炸的）

包含我在內的觀光客眼裡看到最吸睛的北部菜，不外乎是泰北香腸、炸豬皮沾青醬、豬肉發酵的酸肉、清邁麵、緬甸滷肉、青木瓜沙拉、涼拌的 Laab……這些你在街上走著走著就會看到吃到的料理，以下將會一一羅列介紹。

首先，做泰北的菜需要認識兩個不能缺的調味，即炒米香與豆豉餅。

3 大鄰國造就獨特泰北飲食印象

泰國領土面積 513，120 平方公里，是台灣的近 15 倍大。

泰國由多種族群組成的 6 千多萬人口，雖分佈散居在北山林及南海域，但政經中心的曼谷地區吸納了來自全國各地的族群，以致無論是多元的民族文化，或是多樣的民生料理，在曼谷都處處開花處處見。

在曼谷或清邁可以學到泰國北、中、南的料理，在曼谷也普遍易尋得到泰國北部的特色菜餐廳，依據料理在地化的潛原則，北中南的區域料理似乎也沒有那麼明顯的界線了，有些料理還真有些難考證它的區域界定。

隨著交通發達所帶來的四處遊歷，我學習泰菜的觸角也跟著深入各地，如果你也常遊歷泰國，一定也跟我一樣發現到同一道泰國菜的氣味，各家都不太相同，但都一樣好吃，也就是說，泰國菜，恰如每個人的人生，都不太相同，但都各自精彩。

台灣人學泰國菜、吃泰國菜的角度，與歐美國家的角度是不同的，例如，台灣的熱炒講究鑊氣，炒泰式粿條時會把它炒到乾香，但洋人就喜歡加番茄醬或者西拉差辣椒醬那種黏呼呼的口感，依我看呢？料理的最高境界是自己喜歡它，便就是好吃的了，不是嗎？

受緬甸、中國、寮國
影響的泰北飲食文化

清邁有很多號稱蘭娜風情的建築，最有名氣的是東方文華酒店（現已更名 TheDharaDhevi 清邁黛拉塔維度假酒店），我在造訪清邁時，因為想要體驗蘭納風情而下榻在黛拉塔維度假酒店，躺在酒店的床鋪望向天花板時，驚見到類似藻井的裝修及中國式的雲紋圖騰。

蘭娜王朝已是 700 多年前，酒店既標榜蘭納建築，那無論是起始的建造或是後來的裝修，應是依循古建築而為，若依此類推成立，那700 多年前的蘭娜建築確實曾經是中國風。從歷史看，緬甸的景棟城、寮國琅勃拉邦城、中國景洪城（西雙版納州），都曾是蘭納王朝時的屬城，雖然國土疆域界線在打打殺殺之下數度風雲變色，但總會有滯留下來的文化去印證政治影響文化的形成。

在飲食方面，雲南傣族和泰國的泰族還仍保持許多相同點。例如：糯米、烤雞、肉類生食、發酵的酸肉、河鮮魚醬或螃蟹醬及蟲餐等。只是相同的食材，常有不同的吃法，例如：清邁以南到中部曼谷的那條魚腹裡塞滿香茅的鹽烤魚，它就是源於清邁更是源自西雙版納的「香料包魚」。這條魚在泰北是用烤的，炭火爐上輪番翻面烤到外皮焦香而裡面魚肉軟嫩（來到台灣變成用炸的）。

包含我在內的觀光客眼裡看到最吸睛的北部菜，不外乎是泰北香腸、炸豬皮沾青醬、豬肉發酵的酸肉、清邁麵、緬甸滷肉、青木瓜沙拉、涼拌的 Laab……這些你在街上走著走著就會看到吃到的料理，以下將會一一羅列介紹。

泰國有 76 個府，有些菜名是各地方言，有些是加上外來語所組成，要把泰國語翻譯成台灣的慣用語實在不容易，書中示範的食譜名稱我盡量照原意呈現，但有些只能依其型狀或依其口味，我自己幫它命名了。這些菜式及文化內涵都是多年個人所見的累積，也是我用台灣人的面向看泰國菜的結論，讀者朋友可以照著做，也可以自己微調，更可以看完我的敘述之後自己創作，我只是敘述我所見，希望讓每個人認識泰國菜及食材之後，可以自由發展，更多元更創新。

豆豉餅──黃豆發酵的天然味精

材料

黃豆	3kg
老薑	400g
鹽	200g
辣椒粉	200g

豆豉餅「ถั่วเน่า」（譯音：TuaNao ╱ 妥鬧），ถั่ว-เน่า的ถั่ว是豆子，เน่า可泛指腐爛。就是豆子在經過發酵的過程會產生異味的那種東西，我把它稱作「豆豉餅」，是一種調味料，一種黃豆發酵而成的天然味精，泰北菜系裡有幾個菜潛藏著的鮮甜味源就是來自豆豉餅。

豆豉餅的作法是將黃豆泡水一個晚上，以小火水煮 10 個小時，煮到黃豆熟軟，加入特定比例的鹽、蒜仁及辣椒之後，裹以厚棉布以利發熱、發酵，發酵完磨碎、整型即成豆豉餅。黃豆富含蛋白質及醣質，帶鮮甜豆香味。泰國清邁許多湯類料中的鮮味讓人不易揣摸，其實就是來自此物，豆豉餅在使用前需先在爐火上烤一下，香氣飄出之後再使用。

豆豉餅在泰國中、南部的料理運用較少見，在泰北地區則很普遍，泰北邊境的孤軍隊伍來到台灣也把這豆豉餅帶進來並且製作販賣，只是在造型上跟清邁的作法不同。南部有烈陽很適合做需要日曬的豆豉餅，中部山區冷寒，清境農場的泰緬餐廳大多只能跟南部的雲南村大媽們批購使用。

作法

1　黃豆泡水 12 小時，以小火將泡過水的黃豆煮到軟爛（若水乾可隨時加水），煮爛後起鍋瀝乾。

2　將黃豆以棉布包裹到密不透氣，在室溫靜置兩天發酵。

3　將發酵完畢的黃豆搗碎，加入鹽、辣椒粉拌勻，搗碎到綿密狀後塑型，在大太陽底下曬乾（至少 3 天）即可。

Noodles

湯米干

在台灣有米粉，廣東有河粉，在雲南則有米干。米干是米製品，口感滑口軟嫩，米味豐富，可當主食亦可充之爲點心。

米干來台，源之於國共戰後，有一支撤退至滇泰緬邊界金三角地區打遊擊戰的國民黨軍隊，稱之爲「異域孤軍」。後孤軍撤出來台灣，由「退輔會」分別被安置於南部的美濃、中部的清境、北部的中壢定居，從而形成所謂的「雲南村」。

在這一段從墾荒到安居樂業的過程中，眷村家中的滇泰緬家鄉菜美食，自然而然的從家用變成店面販售，並融入現在的飲食生活中，成爲台灣美食文化的一部分。米干哪裡吃？北部的中壢桃園忠貞新村一帶，可說是米干群聚一條街，其中以「阿美米干」最具代表性，中部的清境農場周圍及高雄的美濃、屏東里港的雲南村亦是，這三個區域都有。

材料

乾米干	200g
蕃茄肉末醬 -P.112	1 大匙
滷烤豬粉腸 -P.164	適量
貢丸	適量－燙熟
蔥花	1 大匙
蒜酥油 -P.188	1 大匙

高湯

雞骨頭	1 副
豬骨頭	1 副
香茅	2 支
洋蔥	1 顆
水	3L

調味料

鹽	1 小匙
豆豉餅	1 大匙
烤香後磨粉	

作法

1 將雞骨頭、豬骨頭、香茅及洋蔥放入水中，煮滾，以小火熬煮 1 小時，以鹽和豆豉餅粉調味，完成高湯底。

2 米干泡水 30 分鐘，軟化後撈起，另起滾水鍋，放入米干燙熟，撈起放入成品碗。

3 淋入高湯，擺上蕃茄肉末醬、滷烤豬粉腸及貢丸，撒上蔥花，澆上蒜酥油即可。

> **TIPS**
> 自製或買現做米干只要滾水燙熟即可料理；若買乾的米干，則需先用水泡軟後使用。

泰北清邁麵

Noodles

清邁麵的泰文為「ข้าว-ซอย」，發音類似「靠─索以」（KhaoSoi），ข้าว＝米飯，ซอย＝切，這樣的概念就是說把大米磨漿，蒸成米片再切絲煮成湯麵吧？

所有料理相關的資訊都說這碗湯麵是受到緬甸的影響，泰國在台辦事處的官方網頁也是這麼說，我詢問我們香草園所在地雲南村的長者張大媽，她是來自緬甸的軍眷。耳聰目明的張大媽今年 82 歲，她幼年時因國共內戰與家人從西雙版納逃至緬甸避難，後來「被」結婚給大她 36 歲的國民黨殘軍軍人，在緬甸居住了 20 幾年，隨孤軍團來台灣到現在。

我跟她聊這碗麵的典故時，她說：「這碗麵的緬甸語是『靠雖』，是把大米蒸熟、切成絲⋯⋯」這樣聽起來，清邁麵的原始應該是米干啊。米干就是大米磨成漿，再蒸熟切條狀的米製品。如果是這樣的話，那我就疑惑了，因為在泰北原汁原味的清邁麵用的是「雞蛋麵」啊，而「麵條」的成分是小麥並不是稻米，要從米干變成麵條的這件事，我遍尋相關資料無所獲，只能推論或許是工業化的量產麵條比手工的大米磨漿較方便使用吧。我幾度造訪張大媽詢問米干和雞蛋麵的關係，她說：「『靠雖』口味很多，什麼都有，要細的寬的都有，每個地方都不一樣嘛。」她這一說我才想通，台灣的麵食文化也是很多樣，有細麵有寬麵，有意麵也有雞蛋麵，口味上有肉燥的也有麻醬的，配菜有放豆芽、韭菜，也有放小白菜的，這些麵都統稱為「湯麵」。所以緬甸的「靠雖」變成清邁的「靠索以」歷經世代更替，應也是料理的在地化使然。

清邁麵使用的是黃色麵條，口味上是黃色的咖哩，因此也被西方語系以其金黃色而翻譯成「金麵」。黃咖哩的成分是薑黃及丁香、豆蔻等乾式香料，泰北的乾式香料來源得考證到 19 世紀時，中國雲南的穆斯林與印度貿易往來，透過泰緬邊境的商貿古道把乾式香料帶進緬甸也帶進清邁。

好了，考證到這裡，這碗麵雖說是受緬甸影響，其實間接受華人影響也很深，舉例來說，碗麵裡的配菜盡是中國味的「發酵鹹酸菜、豆芽菜及韭菜」，韭菜的泰文：กุ้ยฉ่าย 泰語發音「規菜」是直譯自華語。韭菜在 9 世紀時從中國傳到東南亞國家。在地理上，緬甸的東北邊沿線都是中國裔，這碗麵藉由邊境來到清邁的時日已不可考，但從搭配的碗邊菜，說明了它是來自華裔的味道。

棒棒雞腿⋯⋯⋯⋯⋯⋯2 支
麵條⋯⋯⋯⋯⋯⋯⋯⋯150g（2 人份）
椰漿⋯⋯⋯⋯⋯⋯⋯⋯400ml
基礎黃咖哩醬 -P.102⋯⋯100g
水⋯⋯⋯⋯⋯⋯⋯⋯⋯1000ml
豆芽菜⋯⋯⋯⋯⋯⋯⋯1 把

調味料			配菜		
魚露	1 大匙		紅蔥頭	5 瓣－切片	
椰糖	1 小匙		酸菜	適量－切小丁	
			青蔥	1 支－切末	
			香菜	1 株－切末	
			檸檬	1 顆	
			辣油	1 大匙	

作 法

1 熱鍋，取椰漿上層的油脂炒到出油珠，加入基礎黃咖哩醬炒香，放入棒棒雞腿，以小火炒到雞肉變色，倒入 200ml 的椰漿和 500ml 的水，煮至雞腿熟軟，先撈起雞腿，備用。

2 於作法 1 鍋中倒入剩餘的椰漿和水，煮滾，以魚露、椰糖調味成湯底。

3 另煮一鍋水，水滾後下麵條（留約 20g 後用），煮至麵條熟軟，撈起放入碗底，澆上作法 2 湯底，擺上作法 1 雞腿。

4 熱油鍋，取預留 20g 的麵條下鍋油炸，炸酥馬上撈起，放在湯麵上，依個人口味加入配菜：紅蔥頭、酸菜丁、蔥花、香菜末、檸檬汁或辣油一起享用即可。

青木瓜沙拉

^{Salad}

青木瓜沙拉在泰國街頭的販賣型態真像是街頭秀,老闆會用菜刀當場削出木瓜絲。削木瓜絲時,刀起刀落之使力有輕有重,削下來的木瓜絲就會有粗有細。

粗的是吃它的脆,細的是吃它蘸滿醬汁的味。若不熟菜刀削法,泰國市面上也有青木瓜專用刨刀,要注意的是,木瓜絲不要刨得過長,因為鹹的魚露很快會把木瓜絲的水分帶出來,如果木瓜絲過長,木瓜絲會像醃泡菜一樣失水之後變得軟塌,在擺盤的視覺上就挺不起來,不夠好看。

材料

青木瓜	1 顆	蝦米	1 大匙		檸檬汁	2 大匙
長豆	2 條	辣椒	2 條	調味料	椰糖	1 大匙
小蕃茄	5 顆	香菜 or 刺芫荽	適量		魚露	2 大匙
蒜仁	5 瓣	花生米	適量		羅望子水	1 大匙

作法

1 青木瓜去皮,用刀鋒在青木瓜上下剁劃,刀起刀落剁切出豎條狀,再以削的方式橫刨切下木瓜絲。

2 米線泡水,撈起燙熟;長豆切段、用刀背拍扁;小蕃茄切片,備用。

3 蒜仁、蝦米、辣椒依序拍碎、香菜(或刺芫荽)切小段,備用。

4 將青木瓜絲與作法 2 ~作法 3 的食材混合均勻,再加入調味料充分拌勻即可。

炒米香——涼拌菜的秘密武器

炒米香「ข้าว-คั่ว」是東北料理很具特色的風味來源，是 Larb 系列的料理都會加的香氣之一。ข้าว-คั่ว 的 คั่ว 是乾炒或者烤的意思。炒製的方法是將糯米不洗水直接下鍋乾炒，炒到米粒變很輕，整個米芯都空掉的時候就有爆米香的香氣了，有時候也可以運用紫米來炒，南薑、香茅、卡菲爾萊姆葉與米粒一起下鍋，米粒會吸收香草的香氣。

材料

糯米	適量
南薑片	少許
檸檬香茅	少許
卡菲爾萊姆葉	少許

炒米香使用前要先搗碎。

作法

1　所有材料一起放入乾鍋，以小火不斷翻炒至糯米香熟，表面呈金黃色後起鍋，冷卻後放入密封罐保存。

2　使用前取出，以石臼或調理機打碎即可。

TIPS

● 炒這個米粒時，一定要很有耐心，以非常小的火，不斷用鍋鏟翻炒且不能停，如果用大火快炒，米粒的外表雖很快就呈金黃色，但米芯還是生硬的。生硬的米芯就算磨成粉，它還是生的啊！生粉會黏牙，讓料理減分，所以務必要耐心炒熟它。

● 想必到處都有懶人，泰國也一樣，所以在泰國的傳統市場也是普遍買得到已炒好並磨成粉的炒米香。讓主婦們偶而當一下懶人，可以不用自己炒。

東北涼拌拉肉
Salad

　　Larb 是一種泰國東北部的經典菜系統稱，是以不同肉類去拌香料粉與辛香蔬菜。這個 Larb 的菜真的很難翻譯成中文（本書中我把它譯成拉肉），Larb 的系列料理源自傣族（或更多的少數民族所共同），可以分成北部和東北部兩種型態。東北部的 Larb 仍有以生肉為主的吃法，就是生肉拌以多種乾式香料，如八角、茴香、長胡椒……，搭配蓼菜、香菜等多種香草。把生肉剁一剁、拌一拌的 Larb，不須生火即成一餐，食用時是以大拇指、食指、中指三指齊下抓一團蒸好的糯米，夾一撮生肉，一口送進嘴裡咀嚼，享受著屬於他們的美味。其實泰國東北人吃生食的這檔事也沒什麼好驚恐，日本人以醋飯搭配生魚片的握壽司，不也有著異曲同工的飲食文化嗎？

　　泰國也發展出有專用的 Larb 調味香料粉，這種專用的乾式香料調味粉有不同的品牌，百貨超市有賣，瓦洛洛市場的小攤也買得到。清邁四季渡假村 FourSeasonsHotelsandResorts 的泰菜廳主廚 AnyarinAn 是我的舊識，每次造訪清邁，投宿在四季渡假村時，必吃她為我做的 Larb，是煨熟的 Larb，她不吝的將乾式香料調味粉配方教給了我，希望這一篇來自泰國主廚的涼拌拉肉，可以給你有如親臨清邁的味道。

材料

豬絞肉	200g		
豬肝	50g－切條		
豬皮	50g－切條		
乾辣椒	3 條－切碎		
炒米香 -P.142	2 大匙		
蒜酥 -P.188	1 大匙		
香菜	2 株－切小段		
蓼菜	2 株－切小段		
薄荷葉	少許－切絲		

乾式調味粉

乾辣椒粉	3 大匙
芫荽籽粉	2 大匙
馬昆花椒粉	2 大匙
小茴香粉	2 大匙
長胡椒	5 支－磨粉
黑胡椒粉	1 小匙
丁香粉	1 小匙
八角粉	1 大匙
肉豆蔻	4 顆－磨粉
豆蔻粉	1 大匙
鹽	1 大匙

調味料

魚露	2 大匙
細砂糖	1 小匙

作法

1　豬絞肉以乾鍋小火炒熟，起鍋備用；豬皮和豬肝放入滾水鍋煮到軟熟，撈起切條狀／片狀，備用。

2　所有乾式調味粉材料拌勻，加入作法 1 豬絞肉及豬皮條、豬肝片、乾辣椒、炒米香、蒜酥、魚露、細砂糖、乾辣椒，混合拌勻。

3　加入香菜、蓼菜、薄荷葉，混合拌勻後盛盤即可。

泰北涼拌拉肉

　　泰北涼拌拉肉是含東北在內的北部地區 Larb 系列的料理之一，與前頁的東北涼拌拉肉均係源自傣佬族的剁生肉。在香料的使用上是有明顯的差異，且已改成無油煨熟而食的普及大眾的菜式，這個菜在台灣的泰菜餐廳有時被翻譯成「涼拌辣肉」。

材料

雞胸肉	300g－剁細丁		
紅蔥頭	10 瓣－切薄片		
檸檬香茅嫩莖	2 支－切薄片		
乾辣椒	3 條－切碎		
香菜 or 刺芫荽	2 株－切末		
卡菲爾萊姆葉	5 片－切細絲		
炒米香 -P.142	2 大匙		
辣椒粉	1 大匙		

調味料

椰糖	1 大匙
魚露	2 大匙
檸檬汁	2 大匙

作法

1　雞胸肉碎放入鍋中，加 1 小匙水，以小火炒熟，依序放入檸檬香茅、乾辣椒、香菜、紅蔥頭片和卡菲爾萊姆葉，翻炒均勻。

2　加入椰糖、魚露、檸檬汁調味，撒上炒米香和辣椒粉，混合均勻後盛盤即可。

酥炸拉肉

Meat

ลาบ-หมู-ทอด 的 หมู 是豬肉，也可以變化改成雞肉，若不裹粉炸，它就是「涼拌拉肉」，這個菜有點像我們台灣的喜宴桌菜必出的古早味「炸八寶丸」，外酥內軟很好吃。

材 料

雞胸肉	300g－剁細丁
紅蔥頭	10 瓣－切薄片
卡菲爾檸檬葉	3 片－切細絲
香菜	2 株－切細段
檸檬香茅	2 支－切薄片
辣椒粉	1 大匙
炒米香 -P.142	2 大匙
太白粉	2 大匙

調味料
魚露	2 大匙
椰糖	1 大匙
檸檬汁	2 大匙

作 法

1 所有材料切好後混合攪拌，加入調味料拌勻。

2 加上太白粉拌勻，取適量於手掌塑型成圓球狀。

3 熱油鍋至油溫約 50℃，放入肉丸炸到定型、熟成，起鍋，將油溫調高，再次放入肉丸炸到表面金黃酥香即可。

※ 可搭配燒雞醬沾食。

緬甸咖哩滷肉

緬甸咖哩滷肉「แกงฮังเล」（譯音：kaeng-hang-le）。與其說它是咖哩，不如說是咖哩風味的滷豬五花，在清邁被定位為「蘭納料理」。蘭納王朝距今 700 年，我認為這個菜在泰北人的意義是一種「古早味」的意思吧！16 世紀，緬甸入侵清邁，蘭納王朝滅，緬甸咖哩應是一種飲食文化的滯留，在清邁的大飯店或街頭小咖啡店都有這道菜，每間都有不同風味，但都很好吃，集合甜、鹹、酸、辣及非常濃郁的乾式香料特殊香氣。

我研究這食譜發現，最大的差異在於「咖哩粉」。清邁傳統市場有許多小包裝、標示為緬甸咖哩專用的咖哩粉，並特別標註為來自緬北印度的古老的配方，這件事情我覺得很有趣，「緬北印度咖哩粉」不就是印度穆斯林的料理配方嗎？難怪這緬甸咖哩滷肉的調味成分與南部的瑪莎曼咖哩的調味成分如出一轍，兩者最大的相同就是「乾式香料＋濕式香料＋羅望子醬＋花生」。

然而，泰南地區的咖哩粉也很豐富，也不一定要拘泥特定品牌咖哩粉，何況泰國地大人稠，每個家庭都有自己的味道，成分也自然會出現多樣性，但總體來講，這個菜的最終視覺呈現必須是烏黑油亮、而且湯汁濃稠，若能煮出這樣的緬甸咖哩，就已是到位了。

材料

豬五花肉	600g	一切塊
紅咖哩醬 -P.100	200g	
咖哩粉	1 大匙	
炒花生	1 大碗	
薑	2 大匙	一切粗絲
醃蒜仁（含醃蒜仁水）	3 大匙	
黑醬油	1 大匙	
水	1000ml	

調味料
羅望子醬	2 大匙
魚露	2 大匙
棕櫚糖	2 大匙

作法

1　起鍋，倒入 1 大匙沙拉油，放入基礎紅咖哩醬和咖哩粉，炒香，加入豬五花肉塊，煸炒到豬肉變色。

2　加入薑絲、醃蒜仁、醃蒜仁水、黑醬油及水，煮滾，改中小火滷約 60 分鐘。

3　加入羅望子醬、魚露及棕櫚糖調味，繼續滷到肉質軟度是自己喜歡的口感即可。

瀑布豬

「น้ำตก-หมู」（譯音：Nam-Dok），這道菜從字面直譯叫做瀑布豬，是以醬醃漬，烤過再涼拌的豬肉料理，根本與瀑布無關，爲何稱作瀑布豬？我曾經當面問過駐台泰辦處的官員，所得到的答案是：「我也不知道，或許是醃肉在烤的時候，滴滴答答的油脂很像瀑布吧。」

材料

豬頸肉	300g	醃料	蠔油	2 大匙
辣椒粉	2 大匙		細砂糖	1 大匙
炒米香 -P.142	2 大匙		胡椒粉	1 小匙
乾辣椒	2 條－切碎			
青蔥	2 支－切末			
刺芫荽	3 葉－切末	調味料	魚露	2 大匙
香菜	1 小把－切末		檸檬汁	2 大匙
薄荷葉	1 小把－切末		細砂糖	1 小匙

作法

1　豬頸肉以醃料抓勻醃漬 1 小時，以平底鍋乾鍋煎至兩面上色熟成（以烤箱烤熟亦可），取出切片，加入所有調味料和辣椒粉拌勻。

2　撒上炒米香、乾辣椒、青蔥、刺芫荽、香菜及薄荷葉，混合均勻即可。

棉康

　　「เมี่ยงคำ」（譯音：Miang-Kham），這是雅俗共賞的餐前小點，依擺盤呈現的形式決定它的雅俗定位，在高檔餐廳以精緻擺盤呈現，品嚐起來很優雅；在街頭或市集則是把配料包捲著後，3個捲串成一串，邊走邊吃。這道小點使用了查普葉（泰文 ชะพลู），包裹著8樣辛香料，淋上現煮的淋醬，一整捲放進口裡，一邊咀嚼時，8種食材蹦出8種氣味充滿口腔，令人回味無窮。

材料

查普葉	適量

配料		
烤過的椰絲	適量	
蝦乾	適量	
花生米	適量	
檸檬香茅嫩莖	適量－切薄片	
紅蔥頭	適量－切薄片	
紅辣椒	適量－切末	
綠辣椒	適量－切末	
生薑	適量－切小丁	
檸檬	適量－切小丁	

淋醬		
檸檬香茅	1支	
蝦乾	1大匙	
椰絲	1大匙	
椰糖	300g	
魚露	20g	
蝦膏	30g	

作法

1　【配料】椰絲、蝦乾及花生米先以乾鍋小火炒香，與其餘配料分別擺盤，備用。

2　【淋醬】檸檬香茅切小段，與蝦乾和椰絲一起用食物調理機打碎，備用。

3　起鍋，加入椰糖和魚露以小火煮融，加入打碎的作法2和蝦膏，以小火煮勻，且呈濃稠狀，完成淋醬。

4　【組合】食用時取查普葉包進配料，淋上醬汁即可食用。

TIPS
若要包捲成一小顆並串成一串，可以把淋醬煮得更濃稠，才不易滲漏。

水醃菜炒肉絲

^{Meat}

簡單的米水醃製而成的水醃菜（酸菜）是泰北國民家常菜。洗米水、吃剩的稀飯粥，都是簡單易取的醃菜材料。不同於工廠量化生產的結球酸菜，泰北邊境的家庭手工醃菜多會選用菜葉多一點的大芥菜，秋冬時節幾乎家家戶戶都會在門前曬大芥菜做水醃菜。

材料

豬里肌肉	100g －切絲
水醃菜	1 把 －切細段
蒜仁	5 瓣 －拍碎

調味料
魚露	1 小匙
醬油	1 小匙
胡椒粉	1/4 小匙

作法

1 起油鍋，爆香蒜末，放入豬肉絲和水醃菜，拌炒均勻至肉熟，以魚露、醬油及胡椒粉調味即可。

自製水醃菜

材料

大芥菜適量、鹽適量、糯米粉 or 在來米粉適量、水適量

作法

1 大芥菜洗淨，均勻撒下鹽，搓揉按壓，瀝除揉出的鹽水，將大芥菜晾著風乾至成軟趴狀。

2 將在來米粉或糯米粉加水調勻，一起煮至滾沸後放涼，備用。

3 取乾淨消毒過的空罐，放入風乾的大芥菜和冷卻的米粉水，密封靜置約二～三週，待其發酵、大芥菜變色即可。

※ 夏天室溫高，約 3～5 天即可發酵完成。

香料包燒烤魚

Fish

　　「ปลาย่างสมุนไพร」這條烤魚在泰國無論北部或中部，都是街頭美食的吸睛重點。價錢低廉，香味卻有高 CP 值，泰北的勞動人口流動在泰國全境，帶來這條源自北部的烤魚，只是中部的烤魚在魚腹內的香料簡化到只塞入香茅與南薑和香菜，雖然也是香味四溢，但在氣味上仍不及北部的烤魚那麼豐富。這條烤魚隨孤軍後裔來到台灣的北中南餐廳，都是熱銷的魚料理，在點菜單常見的名稱是包燒魚或香料包魚。

材料

淡水魚⋯⋯⋯1 條
醬油⋯⋯⋯1 大匙
鹽⋯⋯⋯1 小匙
胡椒粉⋯⋯⋯1 小匙
香蘭葉 or 檸檬香茅 (綑綁魚身用)

香料
蒜仁⋯⋯⋯10 瓣－剁碎
紅辣椒⋯⋯2 條－剁碎
香菜⋯⋯⋯1 把－剁碎
香蓼⋯⋯⋯1 把－剁碎
青蔥⋯⋯⋯2 支－剁碎
香茅⋯⋯⋯2 支－剁碎

作法

1　淡水魚剖開洗淨，以醬油、鹽、胡椒粉在魚身內外抹匀。

2　將香料碎塞入魚腹，以香蘭葉或檸檬香茅把魚纏繞綁緊，包上鋁箔紙。

3　放入烤箱以 200℃烤 20 分鐘，剝除鋁箔紙後再次進烤箱，以 200℃烤 20 分鐘即可。

※ 這隻香料烤魚來到台灣的餐廳為了方便，常變成用油炸的方式烹調。

泰北發酵酸肉

_{Meat}

發酵酸肉「แหนม」（譯音：Naem）是經典泰北料理，在泰北旅行很難不見到這酸香的發酵肉。酸肉的製作不難，只是需要一點時間，製程是將剁碎的肉末拌以糯米、辣椒、蒜仁，和糖、鹽、調味料攪拌時不要碰到水，密封 3 天發酵即成。

酸肉出現在街頭攤車上的型態，是在炭火爐的烤架上烤著賣，一支竹籤串著一塊酸肉約 10 ～ 15 泰銖，如果在餐廳裡食用的話，會有下列幾種吃法：①酸肉切塊配生薑和高麗菜直接生食，一口酸肉一口高麗菜。②酸肉炒蛋。③酸肉炒飯。

發酵酸肉雖源自北部，但全泰國普遍都買得到，百貨超市、便利超商或傳統菜市場都有販賣，已成為食品工業常態產品，品牌眾多，口味略有差異，有的還會用雞肉做。食品廠製作的和家庭手工做的外型上差異很大，食品廠以機器絞出肉末，口感綿細紮實有 Q 勁，加了粉紅色素很討喜，並以塑膠條狀滾筒式包裝，方便又衛生，通常讓人比較放心生食。而街頭烤肉攤上的酸肉大多是家庭手工製作，肉末還帶點粗獷的顆粒感，沒那麼細碎，粗粒的肉末含水量高，烤過之後一口咬下會噴汁，焦香＋酸香，吃過包你難忘！

材料

豬里肌……600g －剁碎	鹽………15g
豬皮………200g －煮熟切絲	味精………8g
糯米飯……60g	※ 糯米飯也能以糯米粉取代，但要先把糯米
蒜仁………30g －剁碎	粉用乾鍋炒熟。
小辣椒……少許－剁碎	
細砂糖……20g	

作法

1 所有材料攪拌均勻，裝進耐酸塑膠袋，盡量把空氣擠壓出來再綁緊，不要接觸空氣。

2 於室溫發酵 3 ～ 4 天（夏季室溫 2 ～ 3 天）即可。

泰北草本香腸

Sausage

　　清邁的香腸「ไส้-อั่ว」非常有名，「ไส้」是加入之意，「อั่ว」是插入或塞入之意，整句的意思可解讀成把香草放進去。這和台灣香腸的差異在於清邁香腸使用了大量新鮮香草灌製，香草的比例高達 70% 以上，比肉類還多，一口咬下去，幾乎從嘴邊蹦出香草顆粒來，然後，隨之而來的是滿滿的新鮮香草味。

　　台灣對「香腸」的定義及要求是肉 Q 味香，吃的是著重在香料調味的豬肉腸，香腸的香氣因不同調味而有不同風味，例如蒜香或紅麴等等，既是調味，就意味著高比例的肉類才是主角。所以，這裡的泰北香腸我把它在地化，讓它豬肉多一點，香草比例少一點，讀者也可依喜好調整香草比例。

材料

豬後腿瘦肉	900g －切小條	卡菲爾萊姆葉	10 片－切細絲
肥肉	300g －剁碎	乾燥鹽漬腸衣	100g
紅咖哩醬 -P.100	150g		
檸檬香茅嫩莖	5 支－剁碎		

作法

1　豬後腿瘦肉＋肥肉＋基礎紅咖哩醬拌勻，靜置 30 分鐘，再拌入檸檬香茅和卡菲爾萊姆葉，放入冰箱冷藏靜置 30 分鐘。

2　乾燥鹽漬腸衣泡水脫鹹，灌入作法 1 香草肉餡，吊掛風乾 5 個小時即完成。

3　可放入冰箱冷凍保存，食用前取出退冰，蒸熟或油煎至熟即可。

泰北原味香腸

材料

豬肉（切小條）1200g、草果粉 8g、花椒粉 5g、八角粉 6g、辣椒粉 5g、芫荽籽粉 6g、二砂糖 18g、鹽 16g、高粱酒 10ml、乾燥漬鹽腸衣（泡水脫鹹）120g

作法

1　所有材料拌勻，靜置冰箱冷藏 30 分鐘，灌入腸衣中，吊掛風乾 5 個小時即完成。

羅望子嫩葉酸辣雞湯

　　這羅望子的嫩葉不用漬鹽，不用發酵，就可以煮出天然的酸湯，羅望子的嫩葉透著清清的酸香，在泰國菜中是除了檸檬以外的另一個自然酸味來源。台灣最古老的羅望子樹，位在成大成功校區前的大學路及勝利路上，樹齡已超過 90 歲，是 1923 年日本裕仁皇太子來台巡視時，日軍所種下。

材料

雞肉	300g －剁塊
香菜根	2～3 支－切段
南薑	3 片－切片
檸檬香茅嫩莖	2 支－切薄片
紅蔥頭	5 瓣－切片
乾辣椒	5 支－切片
羅望子嫩葉	1 大把
水	1200ml

調味料

羅望子醬 or 檸檬汁	2 大匙
魚露	1 大匙
糖	1 大匙

作法

1　雞肉汆燙，撈起沖洗後瀝乾，備用。

2　雞肉、香菜根、南薑、檸檬香茅、紅蔥頭、乾辣椒及水，放入湯鍋煮滾，轉小火煮約 30 分鐘，放入羅望子嫩葉，煮到羅望子嫩葉釋出酸味。

3　加入羅望子醬增加酸味，以魚露、細砂糖調味即可。

粿條——泰國街頭美食

粿條「ก๋วยเตี๋ยว」（譯音：Gueidiao／貴刁），這發音是不是有點像華語？也很像台語？是的！這正是從潮語直譯過來的語音，意謂著粿條這種食物是華裔潮人移民在泰國飲食上的影響。

「貴刁」（Gueidiao），是一種以在來米粉＋地瓜粉＋水混合成米漿後，一杓一杓淋在平盤上蒸成片狀，再切成條狀的米食製品。以台灣來講，我們常在客家莊吃到這種米食，客家語呼之為「面帕粄」，因為蒸熟之後白白薄薄的一片很像擦臉的手帕，台語則稱之為「貴啊」。「貴刁」及「貴啊」或「面帕粄」都是雷同的東西，只是作法上及所做的成品有其厚薄差異而已。

去到泰國，很難不看到街頭巷尾到處都有的粿條麵攤，粿條湯的口味有鮮甜清湯的，也有以乾式香料熬煮為底的褐色湯頭，當然也有酸辣的，還有加了釀豆腐而成為紅色湯底微酸的口味，粿條有炒乾的，有煮湯的，咱先來聊聊乾的。

炒法依區域不同會有些微差異，但總的來講分成兩類，一種是大街小巷都看得到的泰式「ผัดไทย」（譯音：Pad Thai），另一類是出現在華人潮州菜館的「ผัดซีอิ๊ว（譯音：Pad See Ew）」。這兩道料理的用料不同，但相同的是從製作粄條條到熱鍋快炒的方式，都始於潮汕移民的漢人。

在台灣的廣式菜館或在香港的酒家茶樓，都是用芥藍菜＋切成薄片的牛肉（或海鮮或雞胸肉）來炒「貴刁」，再以蠔油＋醬油或黑抽調味。如今的泰國境內潮州菜館林立，菜單裡的「炒粿條（或炒貴刁）」也是同上的炒法，但在名稱上泰國發音稱作「ผัดซีอิ๊ว」，就是「用豆醬油炒」的意思。

泰式炒法「ผัดไทย」，其中「ผัด」音譯自泰語，是「炒」的意思，「ไทย」是泰國，整句即意指「泰式炒法」。泰式的炒法調味必有羅望子醬的酸，有用薑黃染成黃色的豆腐乾，並將濕濕的粿條改為乾乾的乾粿條，還有很大的不同是起鍋前的那一把青菜，由「芥藍菜」改成「豆芽菜和韭菜」。如果你到泰國遊歷到俗稱洋人街的「考山路」時，除了各式昆蟲小食之外，有更多的小攤在攤子上炒著

泰式粿條販賣，有人端著盤邊走邊吃，也有人在店鋪前階梯上席地而坐就吃了起來。順帶一提的是有些泰式炒粿條的攤販會因應洋人口味，在泰式炒粿條裡多加了番茄醬及辣椒醬，使得色澤上偏紅，但那不是泰國主流的口味。

泰式炒粿條的發展故事有兩個版本，版本一是振興經濟，版本二是政治性的「去中國化」政策。

版本一：經濟策略

前總理貝・鑾披汶頌堪陸軍元帥（PlaekPhibunsongkhram）執政期間，為促進經濟發展鼓勵國人多食麵條，當時還流行傳唱鼓勵國人吃麵條的歌。前總理鼓吹麵條有益身體健康，而且所有的食材泰國都有，他表示，如果每一個泰國人每天都能吃上一碗麵條，以當時一碗粿條 20 泰銖計，那一天總收入是 90 萬泰銖，如此的消費金額能夠雨露均霑的分配照顧到農民、漁民、小販……等。

在政策推行下，當時麵食蓬勃發展，堪稱「麵食百家爭鳴期」，發展出各式各樣的麵條，甚至誕生了很具代表性的泰國美食「泰式炒麵」。

版本二：政治策略

西元 1942 年，拉瑪八世在位時，華人的政經地位已凌駕威脅到泰國的純種泰族，於是一連串的泰化政策延續自 1910 年暹王拉瑪六世的仇視華人的態度，於為頒佈，其中之一是民生吃食的「粿條、貴刁」的換裝大變身。

泰國境內的粿條（潮語音→貴刁）米製品本就傳自中國移民，那種熱鍋爆炒「貴刁」時以黃豆發酵的豆醬油及蠔油調味，也是潮裔百年來的家鄉味，從民生到政治均顯現出中國潮裔的文化，當時的泰國執政者為了要貫徹「泰化」兼「去中國化」，便心生一計，辦了一個與米食相關的競技比賽，於是充滿泰國味的「泰式炒粿條」便脫穎而出，巧妙的把中國那種炒醬油的口味擠了下去，換了加魚露、加羅望子的口味勝出，也就是另一種版本的的泰式炒麵開始流行。

探究其中的變化，其實仍脫不了中國的元素，其中染上薑黃的豆腐乾「เต้าหู้」（譯音：Taofou）；韭菜「กุยช่าย」（譯音：Kuicheai），從這些食材的譯音皆為閩南語直譯即知，即便再大的變化還是離不開本質的漢人元素。

政治的操作想必是千變萬化的，當政者無論是「關心民生」抑或純粹要「去中國化」，相信這樣的炒麵競技比賽已收到刀切豆腐兩面光的成效。

Noodles

泰式炒粿條

這個「Pad Thai」泰式炒粿條也可以用雞胸肉代替蝦仁,比較平價的街頭炒粿條也常常沒有蝦仁而只有炒蝦乾。

材料

乾粿條	200g	薑黃粉	少許		魚露	2大匙
沙拉油	1/2杯	雞蛋	1顆		羅望子醬	2大匙
鮮蝦	2尾	水	1杯	調味料	醬油	1大匙
蘿蔔乾	1大匙－切細碎	豆芽菜	1碗		細砂糖	1大匙
紅蔥頭	5瓣－切碎	韭菜	1小把－切段		辣椒粉	適量
蒜仁	5瓣－切碎	炒花生	1大匙－略為拍碎			
蝦乾	1大匙	檸檬角	適量			
大豆乾	1塊－切條					

作法

1 乾粿條以冷水浸泡1小時,撈起瀝乾備用。

2 起油鍋,把鮮蝦炒熟,撈起備用;大豆乾以薑黃粉煎炒到金黃上色,備用。

3 起油鍋,放入蘿蔔乾、紅蔥頭、蒜仁、蝦乾爆香,將爆香料推至鍋邊,打入雞蛋煎炒。

4 加入泡軟的粿條和薑黃豆乾翻炒均勻,加水炒到粿條軟化、收汁,倒入調勻的調味料調味。

5 加入作法1鮮蝦、豆芽菜及韭菜,快速翻炒均勻,起鍋撒上炒花生粒即可。

※ 盤邊可依個人喜好佐檸檬角擠汁、或增添額外糖或辣椒粉。

潮式炒粿條

材料

乾粿條⋯⋯⋯⋯200g
豬肉⋯⋯⋯⋯30g－切絲
紅蔥頭⋯⋯⋯5 瓣－切碎
蒜仁⋯⋯⋯⋯5 瓣－切碎
水⋯⋯⋯⋯⋯1 杯
芥藍菜⋯⋯⋯2 株－切段

醃醬

醬油⋯⋯⋯⋯1 小匙
蒜頭⋯⋯⋯⋯3 瓣－拍碎

調味料

黑抽⋯⋯⋯⋯1 小匙
蠔油⋯⋯⋯⋯2 大匙
胡椒粉⋯⋯少許

作法

1　乾粿條以冷水浸泡 1 小時，撈起瀝乾；豬肉用醃醬抓勻，醃約 10 分鐘，備用。

2　起油鍋，放入紅蔥頭、蒜仁爆香，加入豬肉炒至肉色變白，加入泡軟的粿條翻炒均勻，加水炒到粿條軟化、收汁，加入調味料調味。

3　起鍋前加入芥藍菜，快速翻炒均勻即可。

泰菜裡的蒜油&蒜酥

　　有些泰國菜上桌前會撒上一匙酥炸的油,尤其是所有的粿條湯,更是必撒。

　　那一匙酥炸的油是蒜仁油,所使用的蒜仁是一種泰國特有的品種,個頭像花生米大小,含水分量較低,香氣非常濃嗆,通常都不去皮,直接搗碎就使用了(道地的青木瓜沙拉用的蒜仁就是這一種),即便是要油炸成蒜仁油也是不去皮,與台灣的湯類向來習慣使用紅蔥酥油,氣味完全不同。

　　在台灣買不到泰國特有的小蒜頭也沒關係!直接使用一般蒜頭也是可以的啊!炸好一罐備用,無論是炒麵或煮湯,都能增加料理的層次與風味～

自製蒜油&蒜酥

材料
蒜仁　　300g
食用油　1000ml

作法

1　蒜仁切成薄片或剁成極小丁。

2　起鍋，倒入油燒熱至目測油鍋裡的油開
　　始冒煙。

3　放入蒜片或小蒜丁，轉中火並以鍋鏟將
　　蒜仁不停的攪動，感覺蒜仁互相碰撞時
　　有沙沙的聲音（代表水分炸乾變輕了）、
　　油面上的泡泡由大變小後撈起蒜酥。

4　將蒜酥以電風扇吹冷，待鍋中的蒜油也
　　冷卻後，將蒜酥倒回蒜油中，一起裝入
　　密封罐保存，完成蒜酥油。

TIPS
撈出蒜酥除了避
免炸油餘溫將蒜
酥持續加熱到過
焦，也是為了把
蒜酥冷卻，以保
持酥脆度。

「正宗泰國涼拌菜是溫的！？」

涼拌「ยำ」（譯音：Yam）常常有學員這樣問：「老師，我把香料和肉末都先拌一拌之後，放在冰箱冰著，這樣是不是比較入味，比較好吃？」答案都是否定的！

泰國的涼拌菜幾乎是我們光顧泰菜餐廳時必點的菜色之一，酸酸甜甜辣辣真的很清爽，而泰國的「涼拌菜」真的是涼涼的菜嗎？或是把做好的料理先放到冰箱裡，冰至冰冰的才好吃嗎？答案都不是喔！

首先，我想要先定義一下「台灣的涼拌菜」。我曾有過在高消費餐廳用餐的經驗，是一間會員制的聯誼會所裡開設的法式料理，對於前菜的蘿蔓生菜葉有幾個嚴格要求，其一是必須葉面無水漬（或水滴），其二是必須在上菜前才從控制在固定溫度的冷藏冰箱裡拿出來，也就是說，那一盤「涼拌沙拉」所吃的生菜必須要「冰溫的吃」才算是一個水準。

再來看我們台灣冰冰的吃的小菜，像是「涼拌小黃瓜」或「涼拌皮蛋豆腐」，也都是冰溫的吃。顯然，台灣人是把「涼拌菜」的定義解讀成「冰冰的菜」了。這種把泰式料理冰著涼涼再吃的作法其實是一個不明究裡的錯誤！

法式菜比起泰國菜進入台灣的時間早很多，顯然法式生菜沙拉深深影響台灣人對「沙拉」的解讀。常常有教室的學員跟我說：「老師，我把青木瓜絲都刨好、拌好，冰在冰箱裡讓它入味，等我兒子放學回家吃。」這是一個很明顯的訛誤！因為魚露是鹹的，鹹鹹的魚露在過長的時間下會把木瓜絲的水分帶出來，失去水分的木瓜絲就不脆了。

正確的泰式涼拌菜不是冰的，而是「溫的」！是一種溫溫的沙拉，就是那種從鍋子裡撈起來時還很熱，佐以魚露、椰糖、檸檬汁之後，溫度慢慢的降到不燙口的那種溫度。

　　舉例來說：泰國有一種方便麵，稱做「媽媽麵 MaMa」，在泰國的市占率如同台灣的統一肉燥麵那樣的廣，這媽媽麵在街頭市集裡有一種很一致的吃法，就是一種攤販型現煮現吃或者帶著走的型態，麵條與青菜和海鮮或者其他配料一起丟進攤車上的滾熱水鍋裡，很快速的燙一下就撈起來，澆上一匙魚露、椰糖、檸檬汁便是美味的「涼拌媽媽麵」了，雖稱爲「涼拌」，但它並不是涼的而是溫的。

　　「涼拌媽媽麵」的泰文是：「ยำมาม่า」（Yum MaMa），這組泰文要拆成兩個音節來說明，即拆成「ยำ–มาม่า」，後段音節「มาม่า」指的是泡麵，前段的「ยำ」並不是涼拌的意思喔，「ยำ」很接近動詞的「煮」，又很接近食材總燴的意思，所以是有一點像動詞裡含有名詞的意味。若是要用中文解釋的話，或許可用「燴」來形容它，例如「OO燴三鮮」之類的。

　　享譽國際的名菜「酸辣蝦湯」的泰文是 ต้ม-ยำ-กุ้ง，第一個音節 ต้ม 意思是「煮」，第三個音節 กุ้ง 的意思是「蝦」，第二個音節 ยำ 跟「涼拌媽媽麵」的前段音節同一個字，同樣是指「混合」的意思，也就是「把蝦子及香草料放在一起煮」之意。

　　泰文眞的不太容易用中文翻譯，爲了要說明台灣的涼拌菜與被翻譯成涼拌菜的泰菜之間的差異，我做了很多努力的閱讀，希望大家別再誤以爲涼拌青木瓜必須冰起來吃才會更好吃。

三酥拌橄欖

Salad

　　這沙梨橄欖在幼果時期的口感很脆口，味覺的感受是微酸中帶清香，做涼拌時搭配酥炸品很解油膩，熟黃的沙梨橄欖酸度提高，泰北的涼拌青木瓜會以熟黃的沙梨橄欖入料，酸味的來源就很富層次。

材料

魷魚乾	1 隻
扁魚乾	100g
炸豬皮 -P.150	5 ～ 8 片
沙梨橄欖	2 顆－去皮切粗絲
洋蔥	1/2 顆－切粗絲
芹菜	1 株－切段
香菜	1 株－切小段
青蔥	2 支－切絲

調味料

檸檬汁	2 大匙
魚露	2 大匙
細砂糖	1 大匙

※ 沙梨橄欖也可用青芒果取代。

作法

1　魷魚乾和扁魚片分別放入油鍋，炸到酥香後撈起瀝油，切粗絲備用。

2　所有調味材料混合拌勻，加入所有材料攪拌均勻即可。

TIPS

沙梨橄欖

「沙梨橄欖」，正名為太平洋楹梓。是東南亞常見的果樹，果實表皮粗糙，未成熟時是青綠色，風味酸澀、脆口，多用以涼拌、醃漬或煮湯。待果實成熟、表皮轉黃時，會帶點微甜酸香，涼拌之外也會做成蜜餞或煮果醬。

［水路上的船麵］

　　船麵「ก๋วยเตี๋ยวเรือ」（譯音：KuayTeowReua）曼谷的水路自古即是對外貿易的重要管道，境內大小縱橫的水上市場更是民生物資販售的重要通路，水路交通也是很多河岸居民的聯外方式，如果你曾坐船遊歷丹能莎朵的話，就可以看到沿岸有為數不少的「船庫」，裡面停放著型式各異、大小不一的木船，「船庫」都建在河岸民宅的高腳下，概念大概就是雷同於陸地上的「自宅車庫」吧。

　　隨著時代變化的交通發達，水路的貿易功能雖然已沒落，但許多水道市場卻成為民生採買物資之外的觀光景點。觀光財近 15 年來是泰國重要的地方收入來源之一，因此泰政府極力保護水上市場，甚至開闢新的水上市場以保持特有的文化兼招攬觀光客，才開幕甫一年的 ICON-SIAM 百貨也把水上市場依樣建構在室內營運。成為室內水上市場。其交易買賣活絡的景況讓人如臨真實的水上市場一樣。

　　實境的水上市場穿梭著高密度的船隻，船上五顏六色的食物令人目不暇給，觀之真想一嚐每種食物的滋味，其中那碗粿條湯是出了名的必嚐啊，必嚐的原因之一是有個趣味的「話題」自古至今都圍繞著那碗粿條湯，也就是台灣觀光客始終質疑那碗粿條湯的「湯」究竟有沒有靠岸補給？抑或直接取用自船下的水？這有趣的話題，說明了那碗湯麵就是一種水上市場的代表食物。

　　泰國人把那碗船上的湯麵統稱為「船麵」。船上的麵食湯頭很多元，牛肉、豬肉配米線配粿條或配米粉任君選擇，所有的船麵共通點就是份量都很少，因為怕船隻搖晃把湯汁溢出碗外，所以每一碗麵食的份量大概都只盛裝半碗以防溢出。

蝦醬炒飯
Rice

　　台灣的蝦醬炒飯點餐率很高，但你有可能在泰國吃到所謂道地的蝦醬炒飯之後，卻發現不如想像。因爲泰國的蝦膏炒飯跟台灣的蝦膏炒飯味道是有些不一樣的，台灣人吃鍋炒料理講究的是熱氣撲鼻的鑊氣，可泰國還有不少地方的蝦膏炒飯是用「拌」的，就是將蝦乾爆香之後，與蝦膏、水調勻，白飯與蝦膏水拌勻後再下鍋拌炒，這樣就有一點像是拌飯，不是炒飯了。

　　前面有談到泰國的熱鍋快炒技術源自中國，或許是因爲蝦膏是一種膏狀的型態，膏狀當然無法直接炒，而只能用水調開，也或許是蝦膏拌飯炒是泰國最初的作法，因此延用至今吧。

材料

白飯	2 碗
泰泰風暹蝦醬	1 大匙
雞蛋	1 顆
洋蔥	1/2 顆－切丁
青蔥	1 支－切珠

※ 泰泰風暹蝦醬可以 P.207 自製鮮蝦醬取代。

作法

1　起油鍋，將雞蛋炒散炒到冒泡，加入洋蔥和青蔥炒香。

2　加入白飯翻炒到散開，在鍋邊加入蝦醬先用鍋鏟撥散，與炒飯翻炒均勻即可。

> **TIPS**
> 如果你堅持要用蝦膏炒飯，那也不難，只要事先把蝦膏以小火煨軟，煨軟之後再依一般炒飯的方式逐步完成也可以。

[泰式甜不辣・魚餅]
^{Fish}

　　這是將魚肉打成漿，塑型下油鍋炸的點心，非常好吃，可以把它視為泰國版的甜不辣。可從魚肉剁成泥開始製作，也可以在傳統市場買現成的清魚漿製作，再自行微調甜鹹、調味即可。

　　魚漿因為有一點黏手，因此在製作上有兩種方法。第一種方法是將塑型的漿體一塊塊下到水鍋煮熟，再撈起另鍋炸。第二種方法是將塑型的漿體直接入油鍋炸熟。也許是因黏手的關係，為了速成，曼谷街頭便出現各種大小形狀不一的魚餅。外型差異雖很大，但口味多半離不開紅咖哩及卡菲爾萊姆葉。

材料

市售未調味清魚漿	300g
翼豆 or 長豆	2～3條－切薄片
卡菲爾萊姆葉	10 片－切小段細絲
雞蛋	1 個
紅咖哩醬 -P.100	10g

作法

1　將清魚漿＋長豆＋卡菲爾萊姆葉＋雞蛋＋紅咖哩醬，攪拌均勻，依自己喜歡的大小形狀塑形。

2　將魚餅放入 50℃油鍋，炸到定型、熟成，起鍋，將油溫調高，再次放入魚餅炸到酥香即可。

TIPS
塑形好的魚餅也能 50℃ 水鍋煮，定型、熟成後撈起，冷卻後冷凍備用，食用前隨時取出再炸即可。

手指薑炒雞柳

^{Meat}

　　因形似手指而俗稱手指薑，它的特殊香氣會令人想念，除了鮮材使用之外，也常成爲各種獨家咖哩的原料，這種根莖類食材也被做成罐頭從泰國出口外銷。台灣的土壤氣候容易栽種，各工業區專賣東南亞食品的雜貨店都能買到新鮮的手指薑，要購買使用其實沒那麼難。

材 料

雞胸肉	200g－切粗條
手指薑	1串－切粗絲
紅蔥頭	5瓣－拍碎
蒜仁	5瓣－拍碎
生鮮綠胡椒	數串
紅辣椒	適量－切斜片
九層塔	適量
油	適量

調味料
醬油	1大匙
蠔油	1大匙
魚露	1大匙

作 法

1　起油鍋，放入紅蔥頭、蒜仁、手指薑爆香，加入雞胸肉翻炒至半熟。

2　加入綠胡椒和紅辣椒，翻炒均勻，待雞肉炒熟後以醬油、蠔油及魚露調味，起鍋前撒上九層塔炒勻即可。

TIPS

手指薑

手指薑因為外型有點像手指而得名，泰文「กระชาย」，直譯為「甲猜」或「嘎猜」風味特殊、香氣撲鼻。在泰國除了常用在肉類熱炒外，也是泰式咖哩醬常用的原料之一。

手指薑酥炸鮮魚

^{Fish}

　　手指薑的氣味很迷人，可惜目前在台灣尚未被廣泛認識，但在工業區專賣東南亞食品的雜貨店都能買到，要購買使用沒那麼難，有機會不妨試試這道手指薑炸鮮魚。

材料

鮮魚	1 條	打拋葉	適量	
手指薑	1 串－切粗絲	白胡椒粉	適量	
紅蔥頭	5 瓣－拍碎	地瓜粉	適量	
蒜仁	5 瓣－拍碎	食用油	適量	
生鮮綠胡椒	數串			
紅辣椒	適量－切斜片			

調味料
醬油	1 大匙
蠔油	1 大匙
魚露	1 大匙

作法

1　鮮魚抹上少許魚露和胡椒粉，稍微抓醃 10 分鐘，備用。

2　鍋燒熱，放入裹上地瓜粉的鮮魚，以中火炸到酥熟，撈起盛盤備用。

3　另起油鍋，放入紅蔥頭、蒜仁、手指薑、綠胡椒及紅辣椒爆香，加入調味料煮滾，撒上打拋葉拌一下，起鍋淋到炸好的鮮魚上即可。

咖哩滑蛋螃蟹
Crab

　　咖哩滑蛋螃蟹是泰國的連鎖廣東菜館「建興酒家」的招牌菜，融合在地食材的咖哩粉入菜，而被普遍認同是泰國菜。螃蟹下鍋前可在螃蟹身上撒點粉，太白粉和麵粉皆可，避免下鍋油炸時產生油爆，也避免蟹黃脫落。洋蔥及芹菜切細絲，蒜末愈細，滑蛋會更細緻，才不會有顆粒感。可以加少許紅咖哩醬與咖哩粉拌炒，讓滑蛋顏色偏紅且增加香氣。

材料

		調味料	A	
螃蟹	1 隻		蠔油	2 大匙
蒜仁	5 瓣－拍碎		魚露	1 大匙
洋蔥	1 顆－切絲		椰奶	100g
芹菜	2 支－切段		芡粉	1 小匙
青蔥	2 支－切段		水	600ml
鴨蛋 or 雞蛋	5 顆－打散		B	
香菜	適量		咖哩粉	2 大匙
			辣油	1 小匙

作法

1　螃蟹處理乾淨後，撬開蟹殼，將蟹身剖成 4 塊；鴨蛋液用細目濾網過濾；調味料 A 拌勻，備用。

2　熱油鍋，放入螃蟹炸熟（或少油炒熟），撈起備用；倒出油鍋多餘油脂，放入蒜碎、洋蔥絲及咖哩粉炒香，加入螃蟹和調味料 A 炒勻煮香，再加入芹菜和青蔥略炒幾下，先撈出螃蟹擺盤。

3　於作法 2 鍋中倒入作法 1 鴨蛋液，手握鍋柄，前後左右以圓弧狀搖動鍋子，至蛋液約呈 5 ～ 6 分熟時關火，繼續搖動鍋子讓蛋液在鍋內盤旋舞動，鍋子的餘溫會使蛋液軟熟成嫩嫩的滑蛋。

4　起鍋，將滑蛋淋在螃蟹上，再淋上辣油即可。

 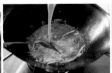  

醃酸菜排骨湯

　　這道菜其實就是台灣的「酸菜湯」，但在煮法上有些差異，台灣煮酸菜排骨湯時喜歡也習慣加薑片，泰國煮法則是加蒜仁、香菜根。經過發酵的醃菜帶點鹹、帶點酸，在泰國會用來煮排骨或煮雞湯，甚至也煮炸過的魚塊，雖然與台灣風味不同，但都很好吃。

材料

排骨	600g－剁小塊
酸菜	1/4 顆－切塊
香菜根	2 株－切段
蒜仁	5 瓣
胡椒粒	10 粒
水	2000ml

調味料

味精	1 小匙

作法

1　排骨放入滾水鍋中汆燙，撈起沖洗乾淨，瀝乾備用。

2　湯鍋到入 2000ml 的水煮滾，放入所有材料再次煮滾後，改中小火煮到排骨熟軟，以味精調味即可。

蝦仁炒臭豆
Shrimp

「กุ้งผัดสะตอ」（譯音：Sator-Pad-Kung），臭豆是一種可以長到三個樓層高的喬木的長豆莢的種子，又名美麗球花豆，因氣味濃烈，中文有「臭豆」之稱，樹形和豆莢很像我們熟悉的鳳凰木在泰國傳統菜市場常見一串串的長豆莢賣，超市則是剝成了豆仁裝成一盒一盒賣。臭豆其實炒熟了就不臭，倒是還留著苦味，就說泰國人很能吃苦嘛。可以直接以紅咖哩醬炒蝦仁或炒肉絲都適合，只需要以一點糖調味即可，若手上沒有現成的咖哩醬，可以下列材料速炒。

材料

蝦仁	200g －去腸泥
臭豆	50g
蒜仁	10 瓣
紅蔥頭	5 瓣
紅辣椒	1～2 根
蝦膏	1 小匙

調味料

魚露	2 大匙
細砂糖	1 小匙

作法

1 　將臭豆剝開成兩半，汆燙煮到半軟，撈起備用。

2 　蒜仁、紅蔥頭、紅辣椒、蝦膏，一起放入石臼搗碎成炒醬，備用。

3 　起油鍋，放入作法 2 炒醬炒香，加入蝦仁和臭豆炒勻，炒到蝦肉變色代表熟成，再以魚露和細砂糖調味即可。

馬沙曼牛肉咖哩
Meat

　　泰國的咖哩，雖然百家有百個略異的在地氣味，但若以顏色區分，倒是很容易領悟，如紅咖哩、綠咖哩、黃咖哩。那什麼是馬沙曼咖哩呢？

　　2011 年，國際媒體 CNN 票選全球 50 道最好吃的菜當中，馬沙曼咖哩榮膺世界第一。根據泰國的食品專家論述，馬沙曼咖理是傳自穆斯林，穆斯林 Muslim 音譯成爲 Masaman。馬沙曼咖哩在 17 世紀時已傳到泰國成爲皇家御膳。拉瑪二世王尚在當王子的時侯，曾經賦詩讚美馬沙曼咖哩的美味，還深度地提到孜然濃鬱的香氣。

材 料

牛腱肉	5 片－切塊
馬鈴薯	1 顆－切大塊
洋蔥	1 顆－切大塊
椰漿	400ml
水	500ml
馬沙曼咖哩醬 -P.103	100g
炒花生	2 大匙

調味料
羅望子醬	2 大匙
魚露	2 大匙
細砂糖	1 大匙

作 法

1　起油鍋，放入牛腱肉煎到兩面變色，倒入 200ml 的椰漿和 500ml 的水，加入馬鈴薯塊和洋蔥塊煮滾，改小火燉煮。

2　另取一鍋，放入椰漿罐頭上層的椰油，以小火炒到滾出油珠，加入馬沙曼咖哩醬，炒到飄出香氣，備用。

3　待作法 1 的牛腱肉和馬鈴薯接近熟軟時，加入作法 2 咖哩炒醬、羅望子醬及炒花生，以小火煮到所有的食材熟軟，最後以魚露和細砂糖調味即可。

酸咖哩蝦湯

　　這清湯酸咖哩是典型的無椰奶咖哩。湯裡的臭菜煎蛋會像海綿那樣吸附酸湯，臭菜經過加熱煎熟會轉成香氣，滋味很獨特，一口咬下去先蹦出酸香的湯汁，接續飄出內含臭菜的蛋香味。

材料

蝦仁	100g	－去腸泥
酸咖哩醬 -P.104	100g	
雞蛋差翁煎蛋	適量	
青木瓜	1/2 顆	－切塊
蓮花梗	2 條	－去皮切段
水	1000 ml	

調味料

羅望子醬	2 大匙
魚露	1 大匙
椰糖	1 大匙

※ 青木瓜也能以其它瓜類取代。

作法

1　酸咖哩醬炒香，倒入水煮滾，加入其餘材料煮到蝦仁熟、青木瓜熟軟。

2　以羅望子醬、魚露及椰糖調味即可。

雞蛋差翁煎蛋

材料

差翁嫩葉 200g、雞蛋 3 顆

調味料
魚露 1 小匙、蠔油 1 小匙、白胡椒粉少許

作法

1　雞蛋打散，加入切小段的差翁嫩葉和調味料，拌勻。

2　起油鍋，倒入差翁蛋液煎至兩面金黃即可。

※ 最好是煎得有點厚度，口感比較好。

[基礎甜椰漿 / 香燻甜椰漿]

　　泰式甜品十之八九的都有一種相似，但其實不盡相同的氣味，食之不但不膩，而且聞之既濃郁又蘊含馨香氣味，總令人愛不釋手。而蘊含的香氣來源通常是萃取自草本的香花，所謂的「萃取」，其實是簡單的源自傳統的手工採擷而已。譬如說香蘭葉煮水、茉莉花泡水，還有椰子花的汁液或椰子汁，拿這些帶著香氣的液體當基底，揉麵團或糯米粉及來米粉，就能在從初始的調料基底就隱含香氣了。在香氣之外，這些花草萃取液也能讓甜點摻入色彩，例如：香蘭葉的綠、蝶豆花的藍、薑黃的黃等等，讓甜點更加繽紛可口。

　　而甜椰漿「ต้มน้ำกะทิ」就是許多泰式甜品的共同基底，以椰漿、椰糖、香蘭葉爲基底，煮出香氣迷人的甜漿，再用微量的鹽巴提味。所有的泰式甜品幾乎都有雷同的香氣，尤其是以椰漿爲基底的甜品。搭配各種不同粉漿做成的小點心，便是最簡易的飯後甜點。

　　此外，還有個屬害的技巧是「燻香」，在甜品做好後，使用一種全天然原料製成的「花香燻燭」來燻香甜品點心，這種香氣就屬於非常道地的甜泰味。

香蘭葉⋯⋯⋯1 把
椰漿⋯⋯⋯⋯400g
椰糖⋯⋯⋯⋯250g
鹽⋯⋯⋯⋯⋯1 小匙
花香燻燭⋯⋯1 個

作 法

1　將香蘭葉捆捲綁起，放入鍋中。

2　加入椰漿、椰糖及鹽，以小火煮滾即成【基礎甜椰漿】。

3　將基礎甜椰漿倒入盆中，架上燭台，點上香燻燭後吹熄，蓋上蓋子讓煙霧瀰漫
　　在容器中，約 30 分鐘後煙霧散盡即成【香燻甜椰漿】。

TIPS

❖　這裡使用香蘭葉主要取其香氣，用意不
　　在染色，所以香蘭葉入鍋時不要剪斷，
　　而是用綑綁的方式，否則煮過有可能釋
　　出綠色汁液讓椰漿變綠色。

❖　煮好的甜椰漿再搭配香燻燭煙燻，會讓
　　椰漿風味更多層次。

甜點香氣的秘密武器～花香燻燭

讓甜點燻入迷人香氣

　　「花香燻燭」是泰國甜品中很特別的秘密武器！燻燭的成分據說是200 年前就存在的古老配方，裡面含有茉莉花、依蘭依蘭、卡菲爾檸檬，還有蜜蠟……等，燻燭的氣息散發著木質味，也洋溢著甜美花香，燻出來的甜品，蘊含著透不清的誘人香氣，讓甜品的風味更上一層。

　　舉凡甜品都可以運用這種燻燭燻出屬於泰式甜品的特殊香氣，泰國皇家甜點中很常使用，現今在民間也很普及，例如前述介紹的香燻甜椰漿，現已成為泰國摩摩喳喳的標準基底味了。泰國甚至有一家大品牌公司的椰漿產品，在椰漿出廠前就已處理好這種特殊的香氣，若買到這種已燻製過的椰漿，打開包裝盒直接使用即可。

花香燻燭使用方法

 器具 花香燻燭、一組可密蓋不漏氣的容器、要燻香的甜品

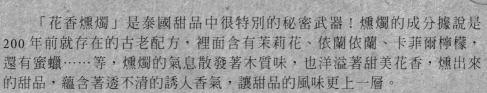

〔Step 1〕
把要燻香的甜品放在容器內。

〔Step 2〕
置入花香燻燭，點燃，讓燭火燃燒約 10 秒。

〔Step 3〕
吹熄燭火，迅速蓋上蓋子，讓煙霧散佈在容器中，靜置約 30 分鐘讓甜品吸進香氣

※ 如果甜品的數量很多，可以燻 2 次～ 3 次。

Snack [芋香糯米捲]

　　這甜椰漿泡熟糯米的米體可以說是泰國的米甜點的基礎作法，餡料可以變化多種品項。包著香蕉葉一起烤過的椰漿糯米香氣是這個甜點的重點。這道甜點的糯米需要蒸軟一點，烤過才不會太硬。包裹前，香蕉葉可在火爐上閃快燒烤過，可以增加葉片韌性不斷裂，同時包入餡料前要橫豎交錯擺置，才不會摺破。

材料

圓糯米	100g
基礎甜椰漿 -P.234	600g
椰糖	200g
蒸熟的芋頭	200g
香蕉葉	2 大張
竹牙籤	數隻

作法

1　於蒸鍋倒入水、放入 2 片香蘭葉，架上竹蒸簍，放入洗淨瀝乾的糯米、 2 片香蘭葉，蓋上鍋蓋，蒸熟。

2　取 400g 甜椰漿，加熱到微滾，熄火，趁熱加入熱騰騰的糯米飯，蓋上鍋蓋，燜約 30 分鐘，讓糯米吸入甜椰漿，完成甜糯米飯。

3　200g 甜椰漿＋椰糖＋熟芋頭，用攪拌機打勻成泥狀，以細目篩網過篩成無顆粒狀，以乾鍋小火炒到水分收乾，接近膏狀，完成芋頭餡。

4　香蕉葉剪切成適中大小，一縱一橫交疊，包進甜糯米飯和芋泥餡，捲起，以竹牙籤固定，放入烤箱，以上火 200℃／下火 200℃烘烤 20 分鐘即可。

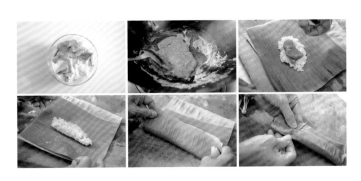

芭蕉糯米包

Snack

這入餡的是南洋蕉而非台灣的香蕉，芭蕉口感較 Q，即便是經過熱蒸還是能保有 QQ 的口感，這糯米芭蕉在泰國有食品業者量化生產，以冷凍產品型態外銷。

材料

圓糯米	100g
基礎甜椰漿 -P.234	400g
芭蕉	5 根
香蕉葉	2 大張
棉繩	5 條

作法

1　於蒸鍋倒入水、放入 2 片香蘭葉，架上竹蒸簍，放入洗淨瀝乾的糯米、2 片香蘭葉，蓋上鍋蓋，蒸熟。

2　取 400g 甜椰漿，加熱到微滾，熄火，趁熱加入熱騰騰的糯米飯，蓋上鍋蓋，燜約 30 分鐘，讓糯米吸入甜椰漿，完成甜糯米飯。

3　香蕉葉剪切成適中大小，一縱一橫交疊，包進甜糯米飯和芭蕉，捲起收口，以棉繩綑綁固定，放入蒸箱，蒸約 30 分鐘即可。

香蕉全應用

我生長在曾經以香蕉出口而為台灣賺進大把外匯的香蕉大鎮——高雄旗山，記憶中關於香蕉那些抹不去的記憶，是每當颱風過後，一望無際傾倒的香蕉園滿目瘡痍，掀開蕉葉底下的未熟青蕉就是未來我們要吃好幾天的香蕉餐。

民國 50 幾年的台灣尚是農業社會，撿食倒地的青香蕉是共同的儉樸生活方式，即便當時普遍的不富裕，香蕉花蕊還是被定位在餵食牲畜的食材，剁碎和著粗米糠餵雞餵豬。

至於青香蕉的吃法則有 3 種：①削皮切片後煮湯當飯吃；②削皮切片後炒肉絲韭菜當飯吃；③帶皮水煮後剝皮，沾蒜頭醬油當零食吃。

及長，我因家人的商務而有在泰國長住幾年的生活經驗。有一年母親來泰國找我們，指著菜販攤上的蕉蕊紅著眼眶對我說：「泰國這麼窮，窮到連這種餵豬的東西也在吃嗎？」

其實那是飲食文化的不同，時至今日，蕉蕊在泰國仍普遍被食用，有時會煮軟配菜吃，有時取其嫩莢和著炒粿條生吃，還有涼拌鮮食也是一種方式，這裡要特別說明的是——做南洋的料理當然就是用南洋的品種，這種有 3 條陵角線的品種在台灣稱作「蜜蕉」，蜜蕉入餡或烤或炸都仍能有 QQ 的口感。

芭蕉莖也是食材。

香蕉蕊 10 銖／個，攝於曼谷。

普遍被使用的香蕉葉，在泰國市場整疊販售。

涼拌蕉花

材料

香蕉花蕊	1 顆
雞胸肉	1 副
蝦乾	2 大匙
青蔥	1 把－切珠
乾辣椒	少許
檸檬	1 顆－擠汁
冷開水	500ml
食用油	3 大匙

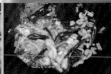

調味料

魚露	2 大匙
檸檬汁	2 大匙
椰糖	1 大匙

作法

1　雞胸肉放入滾水鍋中燙熟，撕成粗絲備用。冷開水＋檸檬汁混合備用；

2　將香蕉蕊的紫色外皮剝除，逐層剝除紫色外皮，取白色嫩莢留用，切絲後泡在檸檬水裡防褐、防澀。

3　起油鍋，放入青蔥、乾辣椒及蝦乾爆香，撈起備用。

4　將雞胸肉絲、香蕉蕊嫩莢絲、作法 3 食材及所有調味料混合拌勻即可。

TIPS

台灣香蕉 2017 年崩盤滯銷時，高雄市農業局聘我為青香蕉入菜拍錄行銷的影片，如果有興趣也可以參考青香蕉怎麼吃。

高雄農業局香蕉宣傳短片
青香蕉煮湯

青的香蕉～青香蕉炒肉絲

Dessert
金豆涼糕

　　金豆涼糕「ขนมถั่วทอง」，ขนม 指甜點；ถั่ว 是豆類；ทอง 則是黃金的意思。這甜品和台灣的綠豆糕作法其實是一樣的，口味上最大差異是增添了椰奶的香甜，還有用花香燻燭煙燻過後的特殊風味。

材料

綠豆仁	100g
香蘭葉	1 片
椰漿	200g
椰蓉 or 乾燥椰絲	50g
二砂糖	200g
鹽	1 小匙
花香燻燭	1 個

作法

1　綠豆仁以冷水浸泡 3 小時，瀝乾水分，上面擺 1 片香蘭葉，蒸至熟軟。

2　趁熱將熟綠豆仁＋椰漿＋椰蓉＋二砂糖＋鹽，一起放入食物調理機，打勻成綠豆沙。

3　綠豆沙以細目篩網過篩成細緻無顆粒狀，以乾鍋小火持續翻炒到收水，靜置冷卻，備用。

4　取喜歡的印模填入綠豆沙，印出成型，放入可密閉緊蓋的容器空間，以花香燻燭煙燻即可。

TIPS
可在印模內刷一點蔥油或椰油，比較好脫模。

露瓊

　　露瓊「ลอดช่อ」（譯音：Lad-Cheag），是泰國非常經典的冰品甜點，街頭巷尾隨處可見。這 ลอดช่อ，實在不知如何用中文翻譯它，按字面直譯是「從洞裡出來」，它的作法有點像台灣的「米苔（篩）目」，「米苔目」的作法是將米粉和水拌勻成粉漿，再將粉漿透過有孔洞的漏勺流出來成為「米條」，將米條煮熟即成；「露瓊」的作法比起「米苔目」還要技高一些，新加坡和馬來西亞也有這類甜品，馬來語發音稱作「煎蕊」（Cendol）。這種米製甜點以不同的名稱流行在中國華中以南各地，華中以南許多省份都有類此的米甜點，成分也是米漿，作法也一樣是「從洞裡出來」，在中國叫做「米涼蝦」，有趣的是「涼蝦」與蝦無關，因外形頭大尾細似蝦，又都是加冰涼水食用，所以被稱為「涼蝦」。中國廣西省還摻以槐花為料，所製作出來的成品稱作「槐花粉」，在 2016 年還以「米粉」的身份被廣西官方組織收錄進《舌尖上的廣西特色米粉》一書。從地緣關係及歷史演進來看，人口移動的軌跡是從中國一路往南移，移到緬甸、再移到泰國，卻沒有泰國人口往北移到中國各省的歷史軌跡，很合理的聯想泰國的這個叫做「露瓊」的甜品極有可能是傳承自中國。

　　中國各地的米涼蝦吃法是搭配冰糖水或玫瑰糖水，泰國的「露瓊」則是配甜椰漿，講究一點的還把椰漿先燻以花香，因泰國和馬來西亞盛產香蘭，也會以香蘭葉的綠色汁液代替水分，使得「露瓊」呈現綠色的蝌蚪形狀。

在來米粉⋯⋯⋯200g
葛粉⋯⋯⋯⋯50g
石灰水（註）⋯200ml
香蘭葉⋯⋯⋯100g－切細碎
水⋯⋯⋯⋯⋯1500ml
基礎甜椰漿 -P.234⋯⋯⋯⋯適量

（註）石灰水 = 食用石灰 1g：水 500g 調勻即可。

作法

1 香蘭葉細碎＋水，放入食物調理機打成汁，以細目網濾出約 1300ml 的香蘭水，備用。

2 在來米粉＋葛粉混合，倒入香蘭水＋石灰水，攪拌成香蘭粉漿，置於深鍋。

3 以中火煮，不斷的以同方向邊攪邊煮，直至煮到熟透、鍋底冒泡，可見熟透的粉漿呈黏稠透明狀。

4 備一冷開水盆，將熟透粉漿倒入有孔洞的漏勺中，透過粉漿的重力會成為流體，從漏勺孔洞流到冷開水盆中，滴落的粉漿會凝結成頭大尾小的條狀，此即「露瓊」。

5 撈起「露瓊」，淋入基礎甜椰漿或香燻甜椰漿一起食用即可。

［原味米涼蝦］

把材料中的香蘭葉取消，單純使用1300ml 的水，就能做出原味的白色米涼蝦，搭配糖水就很美味～

材料

在來米粉⋯⋯⋯200g
葛粉⋯⋯⋯⋯50g
石灰水⋯⋯⋯200ml
水⋯⋯⋯⋯⋯1300ml
糖水⋯⋯⋯⋯適量

作法

1 同露瓊作法，省略香蘭水即可。可依喜好搭配椰漿或糖水食用。

雙色小湯圓

Dessert

　　以茉莉花水和蝶豆花汁揉製粿體，讓湯圓帶有天然香氣與色澤，並用香花水煮湯圓，最後搭配的以花香燻燭煙燻的甜椰漿，層層堆疊的花草氣息，是台灣湯圓無法相提並論的。泰國人做這道甜點時，更講究者會把糯米粉先用花香燻燭燻香。

材料

糯米粉	200g
蝶豆花	6 朵
新鮮茉莉花	1 大把
熱水	1000ml
香蘭葉	2 片
香燻甜椰漿 -P.234	400g

作法

1 蝶豆花＋500ml 的熱水、新鮮茉莉花＋500ml 的水，放入冰箱冷藏浸泡一晚，備用。

2 糯米粉均分成兩份，分次加入適量茉莉花水／蝶豆花水（水、粉比例請自斟酌，分次加入避免太濕），揉勻成兩色不黏手的糯米糰，備用。

3 備水鍋，加入香蘭葉煮滾，將兩色糯米糰各撕一小塊，放入滾水鍋中，煮到糯米糰浮起來，此為粿粹。

4 將兩色粿粹各自與原糯米糰揉勻，揉到光滑不黏手後分小塊，搓成圓形，備用。

5 備滾水鍋，加入茉莉花水增加湯圓風味），放入搓好的小湯圓，煮到湯圓浮起來，撈出，拌入香燻甜椰漿食用即可。

TIPS
- ❖ 摘取新鮮無農藥的茉莉花，在前一天傍晚泡水，放入冰箱冷藏，次日即可取得帶有淡雅芬芳的茉莉花水。
- ❖ 蝶豆花新鮮或乾燥都可使用，熱水浸泡 10 分鐘取色，熱鍋滾煮亦可。

Dessert
[椰香斑蘭糕]

　　椰香斑蘭糕「ขนมเปียกปูน」（譯音：Kanom-Piak-Poon），這個甜品的作法相當簡單，材料主要只有在來米粉，很像台灣的「黑糖粿」。示範中使用香蘭葉來增添天然的綠色，透著香蘭葉的清香。在曼谷街頭有時可以看到黑色的糕體，作法其實一樣，黑色的來源則是使用火燒煙燻過的椰子殼磨成的粉，就像台灣使用竹炭粉做點心那樣。

材料

新鮮椰肉絲	100g
在來米粉	100g
香蘭水（註1）	200ml
石灰水（註2）	500ml
白砂糖	100g
鹽	1/4 小匙
基礎甜椰漿 -P.234	適量

（註1）香蘭水＝香蘭葉 40g：水 300g，打勻過濾即可。

（註2）石灰水＝食用石灰 1g：水 500g 調勻即可。

※ 新鮮椰肉也能以市售乾椰絲取代。

作法

1　剖開椰子，以椰肉刨絲器刨出新鮮椰肉絲，用少許鹽（分量外）抓一下或蒸軟，備用。

2　在來米粉＋石灰水＋香蘭水，攪勻成粉漿水，再加入白砂糖和鹽，攪拌均勻，以中火加熱，不斷攪動直到呈透明濃稠狀，熄火。

3　將濃稠狀的粉漿倒入喜愛的模型中，冷卻約 3 小時至呈凝固狀，切塊擺盤，撒上新鮮椰肉絲即可。

※ 依個人喜好亦可搭配甜椰漿食用。

椰絲糯米圓

^{Dessert}

　　椰絲糯米圓ขนมต้ม（譯音：Kanom-Dom）ขนม-ต้ม，ต้ม是「煮」的意思，這個甜點是糯米粉漿為底，包餡、煮熟。所包的餡料是乾鍋炒香的椰子絲。台灣可能較難取得乾炒過的椰絲，替代方案是購買乾燥的白色椰子蓉，以乾鍋小火快速翻炒一下轉色即可。

　　除了包椰蓉，也可以包入綠豆蓉，單吃之外，也能淋上甜椰漿當甜湯食用，還可以包成球狀不壓扁，直接下油鍋炸，就有點像是台灣的「炸棗」。

材料

糯米粉	250g	花香燻燭	1個
在來米粉	50g		
香蘭水（註1）			
蝶豆花水（註2）			
新鮮椰肉蓉	100g		
新鮮椰肉絲	30g		
椰糖	100g		

（註1）香蘭水＝香蘭葉40g：水300g，打勻過濾即可。

（註2）蝶豆花水＝蝶豆花6朵：熱水500g，冷藏浸泡一晚即可。

※ 新鮮椰肉也能以市售乾椰絲取代。

作法

1　椰糖以乾鍋炒融，加入椰蓉炒到乾，以花香燻燭煙燻，此為內餡；新鮮椰肉絲加入少許椰糖（分量外），蒸軟，備用。

2　糯米粉均分成三份，分次加入適量香蘭水／蝶豆花水／冷水（※ 水、粉比例請自斟酌，分次加入避免太濕），揉勻成三色不黏手的糯米糰，備用。

3　備水鍋，將三色糯米糰各撕一小塊，放入滾水鍋中，煮到糯米糰浮起來，此為粿粹，將三色粿粹各自與原糯米糰揉勻，揉到光滑不黏手。

4　將糯米糰分小塊，包入內餡後壓扁，放入滾水鍋，煮到浮起來，撈出，撒上蒸軟的新鮮椰肉絲即可。

TIPS

台灣消費者購買椰子大多只喝椰子汁，椰子肉就隨著椰殼被丟棄，著實可惜啊！這個甜點的外層裹以新鮮椰肉絲，椰肉絲必須蒸過才會釋出香氣與甜度，質地也會變得柔軟。有機會不妨在購買現剖椰子水時，多和攤商要幾個椰殼回家取椰肉，你會品嚐到不同的美味喔！

蔥香芋奶鹹蛋糕

　　這款鹹蛋糕有蔥香、芋泥香、椰奶香、蛋香，口感綿密、鹹香可口，除了使用芋泥，也可以改成南瓜泥或綠豆沙泥，氣味略異，但都非常好吃喔～

材料

紅蔥頭	80g	香蘭葉	5 片
低筋麵粉	1 大匙	蒸熟的芋頭	300g
在來米粉	1 大匙	椰漿	400ml
鴨蛋 or 雞蛋	5 顆	鹽	1g
椰糖	200g	植物油	2 杯

作法

1 紅蔥頭切薄片，以植物油炸成至金黃酥香，撈出，此為油蔥酥，炸油保留為蔥油，備用。

2 鴨蛋＋椰糖＋香蘭葉，一起揉抓、攪拌均勻（※ 香蘭葉在此功用是可去除蛋腥味），再加入混合過篩的低筋麵粉＋在來米粉，拌勻，以細目篩網過篩成無顆粒狀的蛋粉漿，備用。

3 蒸熟芋泥＋椰漿＋鹽，以食物調理機打勻，加入作法 2 蛋粉漿，充份拌勻成麵糊，倒入烤模（※ 可先抹一層蔥油較好脫模）。

4 放入烤箱，以上火 200℃／下火 200℃烘烤 20 ～ 30 分鐘，出爐，冷卻後脫模，表面刷一層蔥油，再撒上油蔥酥即可。

TIPS
鹹蛋糕麵糊可額外加入 1 大匙作法 1 蔥油，烤出來的蛋糕會更香。

［蝶豆花椰子水］

　　2009 年我把泰國的所有以蝶豆花入色的甜品作法引進我的烹飪教室開課傳授，幾年後經電子媒體採訪報導，我的學員所開設的泰式茶飲攤因而爆紅掀起廣泛流行，此花此色最簡易的使用方法是加入飲料食用。泰國盛產椰子，通常觀光客喝的是豪邁的現剖原汁椰子水，但如果是在餐廳裡，則會加入蝶豆花的藍色汁液，不但提升商品的質感之外，也帶給飲用者充滿浪漫的氣氛。

材料

椰子汁	適量
蝶豆花水（註1）	適量
冰塊	適量

（註1）蝶豆花水＝蝶豆花 3 朵：熱水 250g，冷藏浸泡一晚即可。

作法

1　　將冰塊放入成品杯，先倒入蝶豆花水，再緩緩倒入椰子汁可製造漸層感，飲用前拌勻即可。

羅望子水

　　羅望子汁酸甜開胃，有高度的營養價值，它含維生素C、A以及鈣質，還有助於便秘的排泄，是一種溫和的輕瀉藥，有助於減肥。

材料

望子果肉	200g
白砂糖	500g
鹽	1 大匙
水	3000ml

作 法

1 羅望子果肉浸泡在水中約 60 分鐘，用手搓揉羅望子肉，使果肉和籽分離，過濾出羅望子汁並剔除果肉筋絡。

2 將濾過的羅望子汁以中火加熱至滾沸，加入白砂糖和鹽（可視酸甜度增減鹽、糖用量），拌勻。

3 用棉布二次過濾，瀝出清澈的羅望子汁液，直接熱飲或冰鎮飲用即可。

自製羅望子醬

羅望子醬亦稱酸子醬，台灣其實有很多羅望子樹，有機會可以自己熬煮羅望子醬來使用，可以稀釋成飲品，也能直接入菜當調味料使用，酸甜滋味生津解膩，市面上也有進口的羅望子醬可購買。

材 料

羅望子果莢	300g
熱開水	500ml

作 法

1 羅望子果莢去殼，取出果實。

2 果實與熱水一起搓揉，使果實內的籽和筋膜脫落。

3 取最細目的濾網濾去籽和筋膜，即成羅望子醬。

Salads & Snacks
沙拉&小點

主食

Chicken
雞

Pork
豬肉

Beef
牛肉

Seafood
海鮮

蘿拉老師的
泰菜研究室

從歷史演進看泰菜演繹，從食材到餐桌四大菜系 80 道料理全解構！

作　　者	蘿拉老師（蔡秀蘭）
平面攝影	璞真奕睿影像
美術設計	徐小碧工作室

社長	張淑貞
總編輯	許貝羚
主編	張淳盈
行銷	曾于珊

發行人	何飛鵬
事業群總經理	李淑霞
出版	城邦文化事業股份有限公司
	麥浩斯出版
地址	104 台北市民生東路二段 141 號 8 樓
電話	02-2500-7578
購書專線	0800-020-299

製版印刷	凱林印刷事業股份有限公司
總經銷	聯合發行股份有限公司
地址	新北市新店區寶橋路 235 巷 6 弄 6 號 2 樓
電話	02-2917-8022

版次	初版一刷　2019 年 11 月
定價	新台幣 480 元／港幣 160 元

Printed in Taiwan

國家圖書館出版品預行編目 (CIP) 資料

蘿拉老師的泰菜研究室：從歷史演進看泰菜演繹，從食材到餐桌四大菜系 80 道料理全解構！／蘿拉老師 著——初版——臺北市：麥浩斯出版：家庭傳媒城邦分公司發行 , 2019.11
272 面；17×23 公分
ISBN 978-986-408-541-5　（平裝）
1. 食譜 2. 泰國
427.1382　　　　　　　　　　108016110

台灣發行
英屬蓋曼群島商家庭傳媒股份有限公司城邦分公司
地址：104 台北市民生東路二段 141 號 2 樓　讀者服務電話：0800-020-299（9:30AM~12:00PM；01:30PM~05:00PM）　讀者服務傳真：02-2517-0999 讀者服務信箱：E-mail：csc@cite.com.tw　劃撥帳號：19833516　戶名：英屬蓋曼群島商家庭傳媒股份有限公司城邦分公司

香港發行
城邦〈香港〉出版集團有限公司　地址：香港灣仔駱克道 193 號東超商業中心 1 樓　電話：852-2508-6231　傳真：852-2578-9337

馬新發行
城邦〈馬新〉出版集團 Cite(M) Sdn. Bhd. (458372U)　地址：41, Jalan Radin Anum, Bandar Baru Sri Petaling, 57000 Kuala Lumpur, Malaysia　電話：603-90578822　傳真：603-90576622

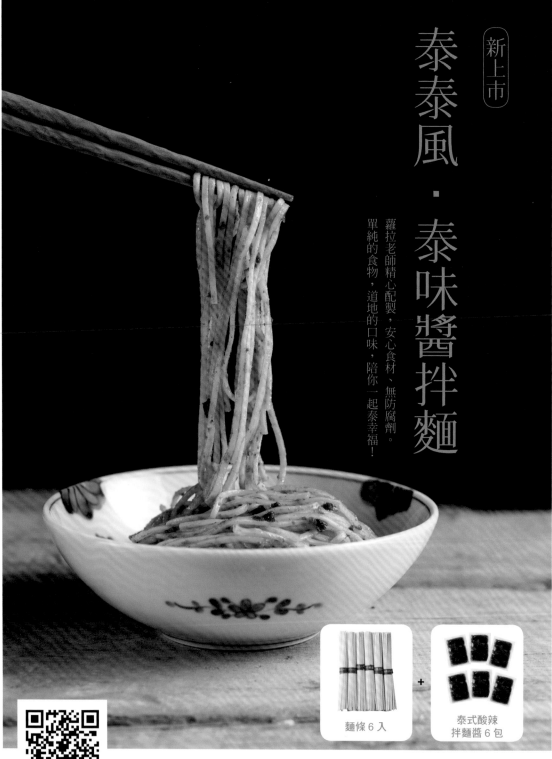

新上市

泰泰風·泰味醬拌麵

蘿拉老師精心配製，安心食材、無防腐劑。
單純的食物，道地的口味，陪你一起泰幸福！

麵條 6 入 ＋ 泰式酸辣拌麵醬 6 包

TaiTaifon 泰泰風　泰泰風有限公司　www.taitaifon.com